Inhaltsübersicht

Vorwort

Seit vielen Jahren schreibe ich eine Kolumne für die WirtschaftsWoche. Die zeitliche Planung ist eng – meistens bleiben nur wenige Tage zwischen Auftrag und Abgabetermin. Also muss der Buchschreiber in mir zurück- und der Journalist hervortreten: Schnell muss es gehen, möglichst aktuell und bezogen auf das Ressort „Erfolg". Etwa 3.000 Zeichen auf einem Qualitätsniveau, auf dem ich mich wohlfühle. Nicht leicht. Immer das Fallbeil des ehemaligen WiWo-Chefredakteurs Stefan Baron im Genick: „Ein Kolumnist schreibt meistens fünf bis sechs gute Texte, dann wiederholt er sich." Auch eine Form der Motivierung!

Ich lebe also gleichsam täglich in Vorbereitung des nächsten Textes. Das zwingt mich permanent zum Nachdenken über unsere Arbeitswelt, über ein gelingendes und insofern erfolgreiches Berufsleben. Ich schreibe im Flugzeug, im Taxi, abends vor dem Schlafengehen, morgens, wenn die Familie noch schläft. Eigentlich immer. Daher bin ich meistens vorbereitet auf den üblichen Anruf der Redaktion: „Können Sie das bis Donnerstag schaffen?". Unterwegs fällt mir ständig etwas auf und ein, das Nachdenken entzündet sich an kleinen Wirtschaftsnachrichten, an Gesprächen mit Managern, an metaphorischen Parallelen, die mir beim Lesen von Prosa aufscheinen.

Die Kolumne heißt „Sprengers Spitzen". Der Titel ist nicht von mir, aber ich habe ihn akzeptiert, weil die Alliteration sich anbietet. Außerdem stoßen meine Handlungsempfehlungen nicht überall auf Zustimmung. Im Gegenteil: „Provokativ!" lautet es gerne. Es gibt ja kaum mehr ein Feld der Unternehmensführung, auf dem nicht von vorneherein feststeht, was gesagt werden darf und getan werden muss. Oft reizt es mich, „dagegen" zu schreiben. Denn jedes wirkliche Denken ist polemisches Denken. Warum sollte ich meine Stimme erheben, wenn nicht gegen etwas, das ich für falsch halte? Umso mehr freue ich mich, dass mir die Wirtschafts-Woche nun schon über eine so lange Zeit die Möglichkeit bietet, mein universales Anliegen in immer neuen Anläufen zu illustrieren. Um die Gedanken des Lesers in jene Bahnen zu lenken, die ich selbst eingeschlagen habe: den Menschen als Freiheitswesen zu begreifen. In Zeiten politisch korrekter Gehirnverseuchung braucht es manchmal mehr Mut als Verstand, um so zu schreiben und zu drucken. Ich hoffe, der Leser spürt in den Texten beides.

An dieser Stelle möchte ich mich bei den Redakteuren der Wirtschafts-Woche bedanken. Über all die Jahre des Kolumnenschreibens haben sie mir Textstellen ausgeredet, entschärft, umformuliert – und mich bisweilen vor grobem Unfug bewahrt. Nichts ist produktiver als ein Nein – es gibt uns Raum für das Wichtige.

Und genau dieses Wichtige finden Sie jetzt erstmals gebündelt im vorliegenden Sammelwerk – als Denk-Zettel-Kasten unserer hype-getriebenen Arbeitswelt. Ich war selbst überrascht, welche Wirkung die bisher einzeln publizierten Texte in einem gemeinsamen Kontext entfalten. Entstanden ist eine Art Management-Chronik der vergangenen vier Jahre. Aber keine Sorge, Sie müssen sich nicht mit Geschichtsschreibung herumschlagen. Selbst die älteren „Spitzen" sind heute unvermindert aktuell und piksen genau dort, wo es weh tut – beim eigenen Selbstverständnis als Manager und Mensch.

Blinde Bürokraten

Viele Personalabteilungen reagieren mit Lösungen von gestern auf Probleme von morgen. So machen sie sich selbst überflüssig.

Kürzlich begleitete ich ein Traditionsunternehmen, das sich von der klassischen Leistungsbeurteilung lösen wollte. Die Führungsebene wollte gleichzeitig weg von Individualzielen und Belohnungs-Bestrafungs-Ritualen. An die Stelle des ebenso berühmten wie berüchtigten jährlichen Mitarbeitergesprächs sollten regelmäßige Gespräche zwischen den Führungskräften und ihren Mitarbeitern treten. Außerdem schlug ich vor, die bilateralen Gespräche durch Team-Workshops zu ergänzen, um das Gemeinsame zu betonen und das Zusammenspiel der einzelnen Mitglieder abzubilden.

Die Idee stieß im ganzen Unternehmen auf Zustimmung, denn das Erniedrigungsritual der jährlichen Leistungsbeurteilung war bei Führungskräften wie Mitarbeitern gleichermaßen verhasst. Nur eine Gruppe wehrte sich mit aller Kraft: die Personalabteilung.

Damit wir uns nicht falsch verstehen, ich halte die Personalarbeit, neudeutsch HR, für eine der wichtigsten Aufgaben des Managements, mit Blick auf die zukünftigen Personalmärkte vielleicht sogar die wichtigste. Aber sie hat sich zu stark ausdifferenziert und ein zu großes Eigenleben entwickelt. Seit Jahrzehnten träumt sie davon, „Strategiepartner" des Top-Managements zu sein. Sie will mitbestimmen, sie will Macht und Einfluss. Sie pflegt einen Werkzeugkasten von Instrumenten, den sie dem Unternehmen aufzwingt. In guter Absicht, selbstredend. Allerdings denkt sie von der Lösung her, manchmal in Unkenntnis des Problems. Vielfach gibt es dieses Problem gar nicht mehr, aber immer noch die Lösung. Deshalb fragt sie nicht: „Was brauchen die anderen?" Das glaubt sie schon vorher zu wissen.

Ihr Motto ist das allseits wuchernde „Ich weiß, was für euch gut ist!" Die Konsequenz: Personalarbeit wird selten geliebt, sie ist mitunter nur lästig. Weil sie nicht alte Probleme löst, sondern neue Probleme erschafft. Zudem ist sie blind für Transaktionskosten und wachsende Bürokratie, was nur deshalb hingenommen wird, weil es dafür keine Kostenstelle gibt. Und noch nie wollte sie wahrhaben, dass sie wie ein Verantwortungsabsauger für die Kernfunktion der Führungskräfte wirkt.

Man erinnere an Dave Packard, Mitgründer von Hewlett-Packard: „HR ist zu wichtig, um sie der HR-Abteilung zu überlassen." Was heißt das in der digitalen Welt? Dass man die HR-Abteilung auflöst, auf Budgets und HR-Meetings verzichtet, die Administration auslagert. Und dass man zeitgleich die Haltung wechselt, hin zur Frage: „Was braucht ihr, um beim Kunden erfolgreich zu sein?"

Es darf nicht darum gehen, den heiligen Gral der Personalarbeit zu hüten. Das Business-Partner-Modell ist, so wie es gelebt wird, eine Nebelkerze. Es wirklich ernst zu nehmen heißt: nicht steuern, nicht entscheiden, nicht Macht ausüben. Strategische Personalarbeit? Ein Mythos, entweder trivial oder überkomplex. Natürlich darf man für die eigene Dienstleistung werben. Aber Dienst-Leistung will dienen, nicht herrschen.

Deshalb darf sie vor allem eines nicht: zwingen. Sie darf – außer in Bereichen, wo der Gesetzgeber es verlangt – die Instrumente nicht oktroyieren. Sie kann anbieten, zur Wahl stellen. So kann sie selbstbewusst den Führungskräften zurufen: „Ein guter Chef macht sich überflüssig." Denn das stimmt – auch für HR.

Methusalem trifft Schnösel

Wissen wird in Unternehmen traditionell von Älteren an Jüngere weitergegeben. In digitalen Zeiten ist es oft umgekehrt. Der Wein der digitalen Wahrheit wird nur selten aus Spätlesen gekeltert.

Diese Veränderung sollten Sie in ihrer Wucht nicht unterschätzen: Universitätsabsolventen werden heute früher fertig, strömen auf den Arbeitsmarkt und machen mit einer frühvergreisten Mischung aus Ausbildung und Ehrgeiz schnell Karriere. Schlecht für jene, die schon ein langes Berufsleben hinter sich haben. Die Digitalisierung verschärft die Situation: Sie beschleunigt den Alterungsprozess dessen, was schon immer galt – und den Kompetenzverlust der Senioren.

Heute arbeiten mitunter vier Generationen gleichzeitig im Unternehmen. Das hat Konsequenzen: Die älteren Mitarbeiter bevorzugen Einzelbüros; die Jüngeren arbeiten gern im Großraumbüro oder im eigenen Garten. Die Älteren bevorzugen geregelte Arbeitszeiten; die Jüngeren wünschen sich Flexibilität. Oft gibt es neue Berufe, von denen die älteren Mitarbeiter nicht mal den Titel verstehen. In manchen Branchen spricht man vom „Methusalem-Problem", auf den Punkt gebracht vom Schweizer Ökonomen Thomas Straubhaar: „In Kinderzimmern findet sich mehr digitale Kompetenz als in den Chefetagen der Wirtschaft."

Damit einher gehen neue Anforderungen: Digitale, agile und flexible Kooperation wurde den Älteren nicht in die Wiege gelegt. Manche fürchten sich vor dem Know-how der Digital Natives, sehen gar ihren Job bedroht. Hinzu kommen Mentalitätsunterschiede: Mit dem Alter und der Erfahrung nehmen das Schulterzucken und das Schweigen zu. Die Jüngeren, gewöhnt an Dialog und Diskussion, schon von Kindesbeinen an gut gepolstert und gelobt für ihre bloße Anwesenheit, wollen weitergelobt werden und nennen es Feedback. Sie haben zudem Mühe, dass ältere Kollegen über eine Zukunft entscheiden, die diese gar nicht mehr erleben werden. Von den Jungen ist zu hören: „Wir werden von den etablierten Mitarbeitern geradezu gehasst." Umgekehrt tönt es: „Die jungen Schnösel schauen verächtlich auf uns herab."

Diese Konflikte werden Sie im Einzelfall nicht verhindern können. Aber Sie können dagegen arbeiten. Weil Sie beides brauchen: Alte plus Junge, tiefes Wissen plus neue Ideen, Erfahrung plus Neugier. Also: Adressieren Sie die Problemlagen initiativ und offen. Werben Sie für wechselseitiges Verständnis. Machen Sie klar, dass alle aufeinander angewiesen sind. Dass das Neue keine Chance hätte, wenn das Alte es nicht trägt. Dass das Alte keine Chance hätte, wenn das Neue es nicht in die Zukunft führt – eine Zukunft, von der wir nur wissen, dass sie nicht die Verstetigung der Gegenwart ist.

Machen Sie auch klar, dass neue Themen nicht automatisch etwas für junge Mitarbeiter sind; auch die älteren Mitarbeiter müssen lernen. Ich weiß, durch den hohen Kündigungsschutz haben Sie für diese Mobilisierung schlechte Karten. Aber Sie können Institutionen schaffen, die das Füreinander betonen – zum Beispiel ein Entgeltsystem, das nicht den Egoismus stimuliert, das nicht mit individuellen Zielen reizt, das nicht Mitarbeiter zu Gegnern macht. Sondern den Kooperationsvorrang betont – das gemeinsame Interesse von Alt plus Jung.

Transparenz ist der falsche Gott

Kein Unternehmen sollte alle Gehälter offenlegen – denn letztlich hat die Geheimniskrämerei mehr Vor- als Nachteile.

„Über Geld spricht man nicht", lehrte mich einst meine Großmutter. Das war nicht dumm: Sie wusste um die Missgunst der Menschen. Die Spekulation („Was verdient der wohl?") nahm sie in Kauf. Selbst mein Vater weigerte sich beharrlich, die Höhe seines Einkommens zu verraten. Und auch bei den Freunden meiner Eltern lagen Gespräche über Geld und Gehalt im Dunkel der Unwissenheit. Tempi passati.

Transparenz heißt der neue Gott. Mit seinem Segen wird alles vor die Augen eines generalisierten Voyeurs gezerrt, was früher Scham, Würde oder schlichte Neidunterdrückung ummantelte. Durch Öffentlichkeit entwickelt sich Vergleichbarkeit, nie wussten die Armen so genau, wie reich die Reichen sind. Durch Vergleichbarkeit entwickelt sich Wettbewerb – und der kennt nur eine Geldrichtung: nach oben. Weltweit sind die Manager-Gehälter als Folge dieser Transparenz explodiert. Und zwar unabhängig von der Leistung, häufig sogar gegenläufig. Wie heuchlerisch, dass oft genau jene, die sich für Transparenz einsetzen, auch hohe Manager-Gehälter rüffeln: Sie haben genau das Phänomen erzeugt, das sie beklagen. Neuere Forschungen belegen zudem, dass transparente Vergütungssysteme die Angestellten unzufriedener machen als intransparente. Wenn der Referenzpunkt von 100 Prozent klar definiert und öffentlich ist, dann werden jene unglücklich, die ihn unterlaufen. Die Zufriedenheit jener, die über den 100 Prozent liegen, steigt jedoch nicht in gleichem Maße. In der Summe ein Minusspiel.

Nun steht das Digitale symbolisch auch für Transparenz. Wir leben in einer Gesellschaft, die keine Tabus mehr kennt.

„Alle Karten auf den Tisch", das klingt für viele einfach und gut, also einfach gut. Schon die bloße Forderung nach Transparenz – egal, wie, wann und wo – wird reflexhaft abgenickt. Warum also nicht alle Gehälter offenlegen? Tenor: Wir haben nichts zu verbergen; jeder kann sehen, was der andere verdient. Falls man hingegen Gehälter nicht offenlege, entstehe der Eindruck, hier würde Illegitimes verabredet, würden Verträge zulasten Dritter geschlossen. Eben dadurch mache man diesen Bereich erst interessant. Viele Start-ups veröffentlichen daher die Gehälter, ebenso größere Unternehmen mit hoher Digitalaffinität.

Ja, es mag sein, dass solche Listen interessant sind. Aber wir wissen auch aus dem Alten Testament, dass es nicht immer gut ist, vom Baum der Erkenntnis zu essen. Ich rate daher zu Behutsamkeit. Transparente Gehälter sind nur bei klar messbarer und isolierbarer Leistung problemlos. Das gilt etwa für den alten Akkordlohn in der Industrie oder auch für manche Vertriebsmitarbeiter, die auf reiner Provisionsbasis arbeiten.

In allen wissensbasierten Arbeitszusammenhängen hingegen ist individueller Leistungslohn kontraproduktiv. Die unmittelbare Zurechenbarkeit von Erfolg und Leistung ist auf den heutigen Märkten höchst problematisch. Auch das öffentliche Vergleichen der Mitarbeiter ist riskant, wenn sie kooperieren sollen. Jedenfalls habe ich noch kein größeres Unternehmen gesehen, das mit transparenten Gehältern gute Erfahrungen gemacht hätte. Wägen wir also ab und folgen der liberalen Schädigungsthese, dann gilt: Intransparenz schadet weniger, als Transparenz nützt.

Der Chef als guter Gastgeber

Führung wird anspruchsvoller. Gefragt sind Persönlichkeiten, die ihre Position nicht als Ego-Prothese brauchen.

Hierarchie? Linienorganisation? Schnee von gestern! Der Schnee von heute nennt sich Netzwerk. Nur das Netzwerk sei in der Lage, komplexe Märkte abzubilden. Stabilität und Effizienz seien Kennzeichen der alten Maschinenlogik von Organisationen; die komme mit der Vernetzung und vor allem mit der Dynamik der Märkte nicht mehr mit.

Nur das Netzwerk sei in der Lage, komplexe Märkte abzubilden: agil und egalitär – vor allem aber attraktiv auf den Personalmärkten. Im Zuge dieser Logik wird dann auch Führung entsorgt. Viel zu langsam, zu unflexibel, binnenorientiert. Chef weg, Kurs steigt. Daran mag manches überzogen optimistisch sein. Vor allem übersieht man gerne die unbestreitbare Leistung der Hierarchie, im Konfliktfall die Paralyse der Organisation auflösen zu können.

Die „heilige Ordnung" hat ja den weitgehend unterschätzten Vorteil, Entscheidungen nicht rechtfertigen zu müssen. Das macht Unternehmen schnell.

Nun, was wissen wir von Netzwerken? Nicht viel. Schon der Begriff ist weitgehend unklar. Klar ist nur, dass sie die Linienorganisation ersetzen oder ergänzen. Klar ist aber auch, dass Netzwerke keineswegs ohne Führung auskommen. Führung wird sogar wichtiger als in der Linienorganisation, die ja an quasimechanischen Ordnungsmustern orientiert ist.

Führung wird facettenreicher, anspruchsvoller – und verändert sich vor allem in fünf Bereichen.

1. Sie schaut nicht mehr auf den isolierten Einzelnen, sondern auf Verbindungen. Das passt zu digitalen Zeiten, in denen nicht mehr vorrangig die Produkte zählen, sondern ihre Vernetzung.

2. Sie muss Begegnungen und Beziehungen steuern, die nicht vom Organigramm vorgegeben werden. Vernetzungsdichte wird ein neuer Leistungsmaßstab, neudeutsch Key Performance Indicator.

3. Sie muss die Bedingungen der Möglichkeit kundenbezogener Kooperation schaffen – einen Rahmen, innerhalb dessen ein möglichst hohes Maß an Selbstorganisation der Mitarbeiter wahrscheinlich wird.

4. Sie muss Netzwerk und Hierarchie synchronisieren, da Linienhierarchien in der Regel weiterhin parallel bestehen.

5. Sie muss mit dem eigenen Machtverlust klarkommen. Netzwerkorganisationen greifen ja tief in die traditionelle Identität von Führungskräften ein: Command and Control ist nicht länger das Zentrum des Rollenbildes.

Mir kommt das Bild eines guten Gastgebers in den Sinn. Auf einem Fest sorgt er unauffällig dafür, dass alles gut läuft und ineinander spielt. Er sorgt sich um die vielen kleinen Dinge, die den Abend zu einem Erfolg machen, aufmerksam für das, was sich zwischen den Gästen entwickelt, jenen einbeziehend, der bisher unbeachtet am Rande stand, schwierige Beziehungen charmant überbrückend. Und – dies vor allem! – er sorgt dafür, dass jeder in seiner besten Rolle zur Geltung kommt.

Deshalb brauchen wir in Netzwerken echte Führungspersönlichkeiten. Menschen, die Führung nicht als Ego-Prothese brauchen; Menschen, die die augusteische „auctoritas" von der „potestas" zu unterscheiden wissen; Menschen, die sich der simplen Vereindeutigung der Welt verweigern und Unschärfen, Paradoxien und Mehrdeutigkeiten mögen. Meistens sind das Menschen, die lachen können. Auch über sich selbst.

Der Chefzyniker hat immer recht

VW steht symbolisch für unmoralisches Management, doch die Absatzzahlen sind glänzend. Kunden pfeifen auf moralischen Konsum.

Zum Beispiel VW und der Dieselskandal. Was konnte man nicht alles lesen über die kriminelle Energie, mit denen der Konzern Abgaswerte manipulierte, die Kontrollbehörden täuschte und die Kunden verachtete. Da wusste man auch schon von Kartellabsprachen, aber noch nichts von Affenversuchen. Das alles im Schutz einer expliziten Staatsgarantie, die die unheilige Allianz von Wirtschaft und Staat zur Kenntlichkeit entstellte. VW wurde geradezu zur Case Study eines ebenso unmoralischen wie zukunftsängstlichen Managements.

Umso mehr überraschten kürzlich die neuen Absatzzahlen der Autoindustrie. Im Geschäftsjahr 2017 produzierte VW demnach so viele Fahrzeuge wie nie zuvor: 10,74 Millionen Kunden weltweit entschieden sich für ein Modell von Volkswagen. Allein im Monat Dezember lag das Plus bei beeindruckenden 8,5 Prozent. Damit ist der Wolfsburger Konzern mal wieder größter Autobauer der Welt. Im Januar 2018 folgte gleich schon wieder der nächste Absatzrekord. Ein Paukenschlag nach dem anderen.

Wie soll man den verstehen? Sind diese Zahlen das Ergebnis einer eher globalen Nachfrage, die den deutsch-amerikanischen Mediensturm ignorierte? Keineswegs: In Deutschland belegten VW-Modelle die ersten drei (!) Plätze der Verkaufsstatistik.

Kaum jemand scheint das Phänomen in seiner Tragweite zu erfassen. Denn in wirtschaftlichen Tauschprozessen drücken sich nicht nur soziale Beziehungen aus, vielmehr manifestieren sich gesellschaftliche Werte in den Waren und im Ruf von Produzenten.

Wenn das zutrifft: Was sagt das über die Tiefenströme unserer Gesellschaft aus? Wohl dieses: Faktisch spielt moralischer Konsum in der Präferenzabwägung der Kunden keine Rolle – obwohl jeder weiß, dass massive Kaufverweigerung ein überdeutliches Signal gesetzt hätte.

Disziplinierung der Unternehmen durch Konsumverzicht? Moralisierung der Märkte, die die Verdrängung ethischer Maximen durch den Markt stoppt? Ach was, das soll der Staat machen! Die sozialen Folgen ihres Konsums sind den Bürgern ziemlich egal. Damit werden die Deutschen ihrer gesellschaftlichen Verantwortung als Konsumenten nicht gerecht. Ihr wirtschaftsmoralisches Empörungsrecht haben sie verspielt – und tragen Mitverantwortung dafür, beim nächsten Mal wieder betrogen zu werden. Nachhaltig, selbstverständlich.

Denn das sind die Lektionen aus dem Fall, aus dem leider kein Fall wurde:

1. Der Chefzyniker an der Unternehmensspitze kalkuliert mit der Vergesslichkeit und der Ignoranz der Kunden. Zu Recht.

2. Unternehmen irren sich, wenn sie glauben, „greenwashing" und „Werte-Bibeln" beeindruckten Käufer und veranlassten diese, einen Aufschlag zu zahlen. Was wirklich zählt, ist moralfrei. Oder, wie Niklas Luhmann sagen würde: Wirtschaftsethik ist ein Phänomen, das in der Form des Geheimnisses auftritt – es existiert nicht wirklich.

3. Im Unterschied zur Ansicht der mehrfach nobelpreisgekrönten Verhaltensökonomen handelt der Bürger als Käufer keineswegs „beschränkt rational". Sondern kühl kalkulierend, preis- und qualitätsbewusst. Er lässt sich sogar von den kriminellen Machenschaften der herstellenden Firma nicht irritieren.

Wenn das nicht abgrundtief rational ist!

Für Moral ist die Kirche zuständig

Manager sollen heute nicht nur ökonomisch handeln, sondern auch ethisch. Das hat mit Marktwirtschaft nichts zu tun.

Vor Kurzem bin ich von einem Unternehmen, das mich zu einem Vortrag über „Digital Leadership" eingeladen hatte, wieder ausgeladen worden. Ich hatte mich geweigert, den „Code of Conduct" zu unterschreiben. Ein Fall politisch korrekter Kleingeisterei, gewiss – aber auch ein Einzelfall?

Führungskräften ruft man heute zu:

„Du musst wachsen und profitabel sein, aber vor allem musst du korrekt sein! Diversity! Compliance!"

Unternehmen bekennen sich öffentlich zu „Werten" und gründen sich als Umweltschutzbünde neu. Multinationale Konzerne besetzen ihre obersten Leitungsgremien nicht mehr nach Leistung, sondern nach ethnischen Prinzipien oder Geschlecht. Aus Angst vor der Rassismuskeule wagen es europäische oder amerikanische Chefs nicht, afrikanischen Kollegen professionelle Mängel vorzuwerfen.

In den USA werde ich an der Kasse gefragt, ob ich das Wechselgeld für einen „guten Zweck" spenden wolle. Man dürfe mit Trump keine Geschäfte machen, so heißt es auf einer Wirtschaftskonferenz, beispielsweise keinen Zement für die Mexikomauer liefern. Daimler-Benz entschuldigt sich vorauseilend beim chinesischen Volk für die Verwendung eines Dalai-Lama-Zitats, das besagt, dass man sich öffne, wenn man die Perspektiven wechsle; das sei eine „falsche Information", die „die Gefühle des chinesischen Volkes verletzt" hätte. Und der Siemens-Chef Joe Kaeser erhält auf der Hauptversammlung tosenden Applaus – aber nicht etwa für herausragenden Kundennutzen, nicht für Umsatz und Gewinn des Unternehmens, sondern für die Bereitstellung vieler Arbeitsplätze.

Ein Spaltpilz breitet sich aus in der Wirtschaft: Moralisierung. So disparat die Beobachtungen auf den ersten Blick sein mögen, gemeinsam ist ihnen

Evangelikalismus, angewendet auf die wirtschaftliche Sphäre. Am liebsten würde man Menschen zwingen, bestimmte Güter und Dienstleistungen zu kaufen. Mehr noch: Knie nieder und bekenne deine Sünden!

Wirtschaft als Inquisition?

Mit Goethe im Rücken können wir sagen: Wirtschaften kann zwar moralische Folgen haben. Aber vom Wirtschaftenden moralische Zwecke zu fordern „heißt, ihm sein Handwerk verderben". Wirtschaft ist keine Fortsetzung der Moral mit anderen Mitteln. Schöner noch: Der Markt selbst bringt Moral hervor. Tausch schafft Frieden. Die Partner entscheiden, ob sie zahlen oder nicht. Auf einem Markt hat nur Erfolg, wer dem Marktpartner dient.

Dieses Dienen ist – und das ist der Charme des Marktes – von den Teilnehmern gar nicht beabsichtigt. Sie verfolgen schlicht ihre Interessen. Wenn Moral hingegen beabsichtigt wird, dann will man moralisieren, dann ist der Markt zerstört. Die Wirtschaft schwächt sich selbst, indem sie den Moralisierern entgegenkommt. Sie öffnet das Tor für politische Eingriffe – man denke zuletzt an das sogenannte „Transparenzgesetz". Wollte man zudem die Tugendhaftigkeit von Managern zum Maßstab machen, dann wären die Leitungsgremien leer.

Unternehmen sollen Güter und Dienstleistungen für Kunden erzeugen, dabei gilt das ökonomische Prinzip.

Alles andere sollten wir den Kirchen überlassen.

Du + ich = noch nicht „Wir"

In Zeiten der Digitalisierung reicht es nicht mehr aus, nur miteinander zu arbeiten. Ein Plädoyer für eine Kultur des Füreinanders.

Die digitale Wirtschaft ist die Summe aller Zusammenhänge, nicht der Gegenstände. Menschen werden mit Maschinen vernetzt, Maschinen mit Maschinen, Branchen mit Branchen, Märkte mit Märkten. Es sind die Verbindungen, die zählen, das „Dazwischen", die Anschlussfähigkeiten. Unter der Bedingung der Digitalisierung gilt es deshalb in besonderem Maße, die Kooperation im Unternehmen neu zu denken. Dafür reicht es nicht, den Wettbewerb auf den Märkten hinter sich zu lassen und auf Zusammenarbeit im Unternehmen umzustellen. Es reicht nicht, sich vom Gegeneinander zum Miteinander zu entwickeln. Das Ziel muss das Füreinander sein.

Miteinander/Füreinander – was ist das Gemeinsame? Was ist der Unterschied?

Was beide Konzepte verbindet, ist die gemeinsame Absicht. Aber die gemeinsame Absicht hat im Konzept „Miteinander" jeder Einzelne für sich. Jeder trägt individuell bei; die Kooperation ist additiv. Man läuft gleichsam nebeneinander her, weil das für alle gerade von Vorteil ist. Nur das gemeinsame Ziel verbindet.

Beim füreinander Arbeiten ist die Kooperation selbst gewollt. Die beteiligten Partner beabsichtigen nicht nur ihr eigenes Handeln, sondern sie beabsichtigen das gemeinsame Handeln. Sie wollen die Kooperation um der Kooperation willen.

Damit erhält das Füreinander ein qualitatives Mehr: Die Erwartungen aneinander sind normativ, definieren ein „Sollen". Man kann nicht nur miteinander rechnen, sondern aufeinander zählen. Man kann aufeinander zählen im Sinne eines Vertrauens, das als impliziter Vertrag gilt – und einklagbar ist. Du und ich sind dann gemeinsam und wechselseitig wir, nicht du und ich je für sich. Daraus entwickelt sich eine Kultur des reziproken Aufeinander-bezogen-Seins.

Das hat praktische Konsequenzen. Nur wenn man füreinander unterwegs ist, kann man jemanden dafür kritisieren, wenn er sich in seinem individuellen Handeln nicht zugleich auch auf den oder die anderen bezieht. Wenn er zurückbleibt und damit das Gemeinsame schwächt. Es gibt dann etwas, wozu wir einander verpflichtet sind.

In moralphilosophischer Hinsicht wird damit ein neutraler, unparteiischer Standpunkt definiert, von dem aus das Handeln jedes Einzelnen beurteilt wird: das Unternehmensinteresse. Dem folgen auch strukturelle Verbote: Individuelle Zielvorgaben torpedieren das Füreinander. Und damit das Unternehmensinteresse. Niemand darf auf Kosten eines anderen Unternehmensteils herausragen. Man kann auch nicht zulassen, dass ein Einzelner oder ein Unternehmensbereich zurückbleibt, dessen Boni man lediglich kürzt. Ebenso ist eine Aussage wie „Das ist nicht mein Problem!" nicht zu tolerieren. Wer die Kultur des Füreinanders dementiert, gehört nicht mehr dazu.

Das Miteinander definiert demgegenüber eine vergleichsweise schwache, lediglich zielgerichtete Kooperation. Wer hingegen im Zeitalter der Digitalisierung ein echtes Zusammenwirken will, der braucht eine Praxis, die ungleich intensiver ist und selbst dann Kooperationsgewinne erzielt, wenn Individuen mit bloß geteilter Absicht scheitern. Das ist eine Praxis, die einen kulturellen Eigenwert hat und eine emotionale Komponente. Eben füreinander sorgt.

Musiker sind die besseren Manager

Der Einzelne zählt, aber nicht der Vereinzelte: Wer in einer Band spielt, weiß auch, worauf es in Unternehmen ankommt.

Früher war ich Musiker. Doch ich hielt mich nicht für talentiert genug, um damit eine Familie zu ernähren. Trotzdem haben mir die vielen Bandproben, Auftritte und Studiotermine für mein Leben als Manager und Berater geholfen. Denn zwischen beiden Welten gibt es zahlreiche Gemeinsamkeiten.

Mit einer Band auf der Bühne zu stehen, ist das Urbild der Kooperation. Derselbe Ort, derselbe Zeitpunkt, ein gemeinsames Produkt – aber jeder spielt etwas anderes. Der Einzelne zählt, aber nicht der Vereinzelte. Nur gemeinsam sind wir erfolgreich. Man spielt mit anderen, weil man sich ergänzt, weil jeder Einzelne einen Unterschied hinzufügt. Ja, man feiert geradezu die Diversität. Kooperation lebt von Kombination, nicht von Addition. Mehr-vom-Selben reduziert lediglich das Auftrittshonorar pro Bandmitglied.

Während des Spielens muss man auf den anderen hören, mehr noch: muss lauschen, um wirklich etwas Gemeinsames entstehen zu lassen. Man muss spüren, wohin der andere will, muss auf ihn eingehen, ihn begleiten. Dazu ist es wichtig, sein eigenes Instrument blind zu beherrschen, sonst überfordert diese Komplexität. Der Kunde kann jederzeit weggehen, weghören, sich Interessanterem zuwenden. Wenn der Konzertbesucher nur einmal an die Decke schaut, sagte einst Frank Zappa, ist das Spiel schon verloren. Als Musiker spürt man das sofort.

Jenseits der Bühne geht es mit den Parallelen weiter. Wenn man nicht permanent um die Mitspieler wirbt, gehen sie woanders hin. Denn sie sind im Wortsinne freiwillig dabei, es gibt viele Alternativen. Wer möchte, dass der andere bleibt, muss sich anstrengen. Sonst bleiben nur die, die keine Alternativen haben. Wie das gelingen kann? Zumindest auf einer gewissen Exzellenzstufe muss man absolut zuverlässig sein. Also: pünktlich zur Probe erscheinen, schon aus Respekt vor der Zeit der anderen; immer gut vorbereitet sein, nicht übermüdet. Jede Profiminute ist teuer, niemand will endlos herumimprovisieren.

Je besser die Mitspieler sind, desto besser wird man selbst. Wer weiter mitspielen will, muss sich am Niveau der Besten orientieren, sonst verlieren diese die Lust. Aber ebenso gilt: Niemand spielt mit jemandem langfristig zusammen, nur weil er sein Instrument gut beherrscht, ansonsten aber ein Arschloch ist.

Hierarchie mag es geben, aber sie spielt während des Auftritts keine Rolle. Jedes Instrument ist gleich wichtig, jedes hat eine Stimme. Wer führen will und deshalb laut wird, hat die anderen schnell verloren. Positiv gewendet: Es ist wunderbar, selbst zurückzutreten und die Führungsrolle immer wieder anderen zu überlassen. Sich an der Exzellenz der anderen zu erfreuen. Bei jeder Probe ist es immer wieder faszinierend: Jemand hat eine Idee, aber alle entwickeln für sich ein etwas anderes Bild, haben andere Vorstellungen von der Durchführung. Auch hier zählt nicht die Hierarchie, sondern die Kraft des besseren Arguments: Was ist für den Zuhörer wohl das Richtige?

Was daraus folgt? Übertragen Sie alle Aspekte auf Ihr Unternehmen, dann kommen Sie den Anforderungen der Zukunft nahe. Machen Sie Musiker zu Managern! Von Technikern und Finanzakrobaten haben wir genug. Es fehlt an Kreativen, Menschen mit Möglichkeitsbewusstsein. Und sollten Sie Kinder haben: Was man beim Musizieren mit anderen lernt, hilft über alle Moden hinweg.

Warum Egoisten sozial sind

Auch wenn Menschen fähig sind zur Selbstlosigkeit: In Wahrheit handeln sie immer aus Eigeninteresse.

Dass wir auf morgen verschieben, was wir schon heute besorgen könnten; dass uns das Hemd näher ist als der Rock; dass wir uns manchmal mit nicht optimalen Lösungen zufrieden geben; dass wir uns bei der Beurteilung eines Sachverhalts von dessen „Framing" beeinflussen lassen; dass wir Stabilität mehr mögen als Veränderung; dass wir Launen wie Barmherzigkeit oder Nächstenliebe kennen; dass wir unzulänglich in der Einschätzung von Wahrscheinlichkeiten sind und kurzsichtig in der Planung unserer Lebensvollzüge – das war uns zwar schon immer irgendwie bekannt. Aber es musste mal gesagt werden, und wir haben es bisweilen schmunzelnd zur Kenntnis genommen.

Gesellschaftliche Sprengkraft erhielten diese umstürzlerischen Befunde erst durch ihre interpretierende Versprachlichung: Der Mensch sei nur beschränkt rational, in Wirklichkeit ein Homo affectus, im Extremfall ein kognitiver Versager. Das wiederum wurde von der Politik begeistert aufgegriffen. Sie witterte sofort die Chance, ihre Umerziehungsneigung vermeintlich wissenschaftlich zu legitimieren. Der gemeine Bürger, er wisse gar nicht, was gut für ihn sei. Niemand hat das so unverblümt ausgesprochen wie Hillary Clinton:

„We can't expect our people to make the right choices." Das war kurios hellsichtig – zumindest, was ihre eigene Person anbetraf.

Hatte je jemand behauptet, dass der Mensch durchgängig rational sei? Ja, Debile vielleicht. Gibt es überhaupt eine menschlich unbeschränkte Rationalität, von der die beschränkte zu unterscheiden wäre? Mehr noch: Ist Rationalität empirisch greifbar? Nein, ist sie nicht. Sie ist Sache des individuellen Maßstabs. Und auch ein brachial definierter Homo oeconomicus hat sich im wissenschaftlichen Schrifttum nie gefunden. Er ist nur ein Popanz, um sich effektvoll von ihm abstoßen zu können: „Wir sind nur Menschen, keine Maximierer!" Ah ja.

Die Kritik am Homo oeconomicus konnte ihren Kontrastwert nur erzielen, indem sie den Menschen auf einen rein materiellen Rechenkünstler reduzierte. Man verengte den Nutzenbegriff auf die Leitunterscheidung „mehr Geld/weniger Geld". Unter diesen Vorzeichen entdeckte zum Beispiel der Wirtschafts-Nobelpreisträger Richard Thaler „Anomalien", die man als irrational etikettieren konnte. Dabei war lebensweltlich immer klar, dass der Mensch auch nicht-materielle Werte kennt.

Wer handelt, der handelt: Wenn jemand einen finanziellen Vorteil ausschlägt, weil er ihm zu unbedeutend erscheint, gar als Beleidigung erlebt und daher vorzieht, lieber nichts zu bekommen – dann ist das für ihn absolut rational. Er schützt seine Selbstachtung, sein inneres Gleichgewicht. Und warum teilen Menschen mit anderen Menschen, wenn sie doch Egoisten sind? Ja, eben weil sie Egoisten sind. Man handelt immer aus Eigeninteresse. Auch das Soziale ist eigeninteressiert – egal, ob man sich dabei selbst gefällt, den Beeindruckungsnutzen auf andere kalkuliert oder aus sozialem Frieden Vorteile zieht.

Es sind gefühlsökonomische Kalküle, man kann sie auch soziale Präferenzen nennen. Der prominente Kritiker des Homo oeconomicus setzt also das Soziale mit dem Irrationalen gleich. Das hat schon eine ironische Pointe, aber ist eines Nobelpreises würdig.

Die Feminisierung der Männer

Machogehabe braucht niemand. Aber genauso sinnlos ist es, Männern weibliche Verhaltensweisen anzutrainieren.

„Male bashing" hat Konjunktur. Männer sind für alles Schlechte dieser Welt verantwortlich, für Kriminalität, Terrorismus und die Klimakatastrophe. Das geht im Kindes- und Jugendalter los: Schulversager sind heute fast ausschließlich männlich; die Suizidrate bei Jungen ist sechsmal höher als bei Mädchen desselben Alters.

Amerikanische Mütter haben in ihrem Manifest „How male bashing is killing our sons" eindringlich beschrieben, wie die ständige Herabsetzung männlichen Verhaltens ihre Söhne lähme. Etliche Arbeitgeber klagen, jungen Männern fehle es an Biss: Einige von denen, heißt es dann, signalisierten schon beim Einstellungsgespräch Anzeichen von Burn-out.

Das kann nicht verwundern: Wurden bei Männern früher Mut, Leistungsstreben und Autonomie anerkannt, heißen dieselben Eigenschaften heute Aggressivität, Karrieregeilheit und Unnahbarkeit. Die dominante personenzentrische Perspektive schiebt dabei gerne ausgeprägte Persönlichkeitseigenschaften ins Extreme und spricht dann von Narzissten, Gefühlsblinden, Machiavellisten, Manisch-Depressiven oder Passiv-Aggressiven – die man sich alle männlich vorstellt. Der Personalchef eines deutschen Maschinenbauers antwortete auf meine Frage, wieso in seinen Förderprogrammen so wenig Frauen seien:

„Frauen braucht man nicht zu trainieren, denen sind die Führungseigenschaften schon in die Wiege gelegt."

Deshalb wird Männern auf Führungsseminaren seit vielen Jahren ein weiblicher Führungsstil eingebläut: Empathisch soll man(n) sein, nahbar, friedfertig, niemanden in die Defensive drängen, negative Gefühle kontrollieren, indirekt formulieren, Fehler zugeben, ein Mediator sein.

Emotionale Intelligenz ist das Stichwort. Der Chef wird zum Mitarbeiter-Versteher. Nicht „durchsetzen" will er mehr, sondern sich „hineinversetzen". Den zielorientierten Tunnelblick hat er gegen den sozialen Breitbandblick eingetauscht, er ist einfühlsam oder guckt wenigstens so. Für unzeitgemäß hält man hingegen wortkarge Männer, selbstsichere, durchsetzungsstarke, entscheidungsschnelle, emotional ausdruckslose Männer, die nicht gerne über sich selbst nachdenken und noch viel weniger an Feedback interessiert sind. Zugespitzt kann man sagen: Unternehmen sind heute Veranstaltungen zur Unterdrückung unerwünschten Männlichkeitsverhaltens.

Natürlich widerstrebt es jedem intelligenten Menschen, in stereotyper Form von „männlich" und „weiblich" zu sprechen. Und Machogehabe braucht niemand mehr. Aber ich bezweifele, dass die Feminisierung der Männer die Unternehmen nach vorne bringt. Viele „Förder"-Maßnahmen untergraben das Selbstbewusstsein der Männer, begünstigen anpasserisches Verhalten und mangelnde Entschiedenheit. Es ist völlig aus der Luft gegriffen, dass als „weiblich" kategorisierte Verhaltensweisen erfolgreicher machen.

Auch wenn man das im gegenwärtigen Meinungsklima kaum mehr nüchtern kritisieren darf: „Weiblich" und „gut" ist eine semantische Kuppelei, die betriebswirtschaftlich unbewiesen ist.

Die Furcht vor dem Absturz

Ausgerechnet die fleißigsten Manager leiden oft unter Versagensangst. Doch wer ein Unternehmen führt, muss auch ein Blender sein.

„Wir haben Sie erwischt!" Eine donnernde Stimme reißt ihn aus den Tiefen seiner Träume. Schweißgebadet schießt der Manager im Bett hoch – und sofort fallen ihm Dinge ein, die er verheimlicht.

Lassen wir das Übliche wie vermiedene Steuern und geschönte Lebensläufe beiseite, dann ist das eine der bedeutendsten Blockaden in der Psyche aller Führungskräfte: die Angst, ein Blender zu sein. Psychologen bezeichnen es als Impostor- oder auch Hochstapler-Syndrom. Häufig plagt diese heimliche Versagensangst gerade die Tüchtigsten: „Was kann ich denn schon? Habe ich meine Karriere nicht eher dem Glück zu verdanken?"

Es ist schon erstaunlich, mit wie viel Durchschnittlichkeit man bisweilen hoch steigen kann. Aber ist man deshalb gleich ein Betrüger, ein Scharlatan? Muss man nicht auch – wenigstens ein bisschen – ein Angeber sein, wenn man ein Unternehmen mit Tausenden von Menschen führt? Es ist doch unmöglich, die Projektionen von Sicherheit, Richtigkeit und Zukunftsfähigkeit für alle Menschen zu erfüllen.

Man kann auch nicht auf jede Frage eine Antwort und schon gar nicht alles im Griff haben. Der ehemalige US-Präsident Ronald Reagan erwiderte auf den Vorwurf, doch nur ein Schauspieler zu sein: „Ich kann nicht verstehen, wie man als Präsident kein Schauspieler sein kann."

Jeder Praktiker weiß, dass Wirtschaftlichkeitsrechnungen, Kosten-Nutzen-Analysen und Investitionspläne von Fiktionen ausgehen. Aber es sind keine Fiktionen des Vortäuschens, sondern des „Gelten-als": Die Wirtschaftlichkeitsrechnung gilt als gesicherte Realität. Eigentlich ist es unmöglich, trotzdem suggeriert man, die Zukunft genau berechnen zu können und nennt es dann „Entscheidung". Dadurch fabriziert man ein „Als-ob": Lasst uns so handeln, als ob wir wüssten, worauf wir uns verlassen können. Ein Manager gilt eben als Entscheider, das gehört zu seiner Rolle. So entwickelt er ein Produkt oder eine Dienstleistung. Allerdings kann er sich niemals sicher sein, ob dieses Produkt oder jene Dienstleistung zum Zeitpunkt der Markteinführung noch einen Bedarf deckt. Der Manager muss seine Karriere und sein Unternehmen riskieren, um auf Märkten überleben zu können. Er muss entscheiden und so tun, als ob er weiß, was er da entscheidet – obwohl er es gar nicht wissen kann. Sonst wäre es keine Entscheidung. Es reicht völlig aus, dass er weiß, dass Sinnstiftung immer erst hinterher erfolgt. Der Manager lebt von der Lizenz zur Nachträglichkeit.

Es ist eine besondere Fähigkeit, genau dies unterscheiden zu können: Auf der einen Seite die Scheinheiligkeit, die Irreführung und das bloße Impression Management – allesamt organisatorische Nebelkerzen, die auf nichts anderes verweisen als auf die Inszenierung der Ablenkung. Auf der anderen Seite das Als-ob der Entscheidung, der Routinen und Rituale im Unternehmen. Beispielsweise Vertrauen: Es zehrt als Vorgriff auf Zukünftiges von seiner nachträglichen Einlösung.

Und natürlich hat unser Manager seine Karriere auch dem Glück zu verdanken – aber nicht nur. Er hat auch zugegriffen. Insofern sollte er sich nicht um seine Nachtruhe bringen lassen.

Der Mythos der Fehlerkultur

Moderne Manager behaupten, dass ihre Angestellten auch Fehler machen dürfen. In Wahrheit führt der Begriff in die Irre.

„Bei uns darf man Fehler machen." „Es ist völlig in Ordnung, wenn mal etwas schiefgeht." „Wir brauchen eine neue Fehlerkultur." Immer wieder ist Ähnliches von Unternehmensführern zu hören und zu lesen. Eine neue Fehlerkultur gilt geradezu als das Symbol des Aufbruchs und der digitalen Transformation. Das ist gut gemeint, aber ein Missverständnis.

Um die Dinge zu klären, müssen wir genauer hinschauen, was ein Fehler ist. Ein Fehler ist eine Abweichung (Ist-Wert) von einem vorab als richtig definierten Zustand (Soll-Wert). Der Prozess des Organisierens macht allerdings aus der Möglichkeit, sich freiwillig entweder für Alternative A oder für Alternative B zu entscheiden, ein „Nur-A!". Organisieren ist also Alternativvernichtung. Dafür gibt es durchaus gute Gründe: Mal geht es darum, Gefahren zu vermeiden, mal darum, Prozesse effizienter zu gestalten, mal darum, Schritte zu vereinfachen. Wer nach der Alternative B handelt, begeht dann einen Fehler.

Ob man sich dafür entscheiden sollte, Alternativen zu vernichten? Darüber lässt sich streiten. Denn die Nachteile wiegen mitunter schwer: Eigentlich soll der Einzelne in einer konkreten Situation eine angemessene Entscheidung treffen. Das nennt man Verantwortung. Die wird durch zu straffe Organisation allerdings zur Sorgfaltspflicht verengt. Es geht dann nicht mehr darum, situativ die richtigen Dinge zu tun. Sondern nur noch darum, die Dinge richtig zu tun – um sich hinterher rechtfertigen zu können. Vor jedem Handeln wird dann immer erst nach der Richtlinie, dem Präzedenzfall, dem Handbuch gefragt. Das ist der Preis, der für die Alternativvernichtung fällig ist.

Wichtig ist: Wenn es eine Regel gibt, dann ist sie einzuhalten. Dann muss man alles tun, um den Fehler zu vermeiden. Dann darf man nicht sagen: „Bei uns darf man Fehler machen."

Nein, einen Fehler darf man nicht machen. Deshalb hat sich auch noch niemand die Karriereleiter „hochgefehlert". Das berühmte Beispiel: Würden Sie sich in das Flugzeug einer Airline setzen, in deren Leitlinien es heißt „Bei uns darf man Fehler machen"?

Wenn der Fehler dann aber doch passiert (und er wird passieren), dann beginnt die Führungsweisheit: Wie gehen wir damit um?

Es gibt aber gerade in digitalen Zeiten Situationen, in denen man bei Misslingen nicht von einem Fehler sprechen sollte. Das sind Experimente, und dabei ist das Ergebnis immer offen. Man kann vorab nicht wissen, ob es funktioniert oder nicht. Es hat zuvor keine Entscheidung zwischen Ist- und Soll-Wert gegeben, weil weder der eine noch der andere bekannt ist. Man hat lediglich eine vage Vorstellung von etwas, das funktionieren könnte. Aber was und wie genau, das kann man per definitionem nicht wissen.

Ein Experiment, das scheitert, ist kein Fehler. Es hat bloß nicht das gewünschte Ergebnis gebracht. Deshalb braucht man dafür auch keine Erlauber-Kultur, muss man nicht abermals das tot-zitierte Vertrauen strapazieren. Alles Innovative ist an das Scheitern gebunden, an den Misserfolg – aber nicht an den Fehler. Die vielen gescheiterten Projekte sind notwendige Voraussetzung für den einen Erfolg. Man muss eben viele Ideen ausprobieren, damit eine fliegt. Es nicht zu probieren – das ist ein Fehler.

Das Dilemma aller Führungskräfte

Ein guter Chef sorgt sich nicht um jede Befindlichkeit seiner Mitarbeiter. Führung muss vor allem eines: Widerspruch erzeugen.

Seit 2001 erstellt das Beratungsunternehmen Gallup jährlich den „Engagement Index". Jedes Mal ist das Bild zappenduster: dramatisch tiefe Werte bei der emotionalen Bindung an den Arbeitgeber, irritierend hohe Werte bei der inneren Kündigung. Den daraus errechneten volkswirtschaftlichen Schaden quantifizieren die Autoren der Studie auf über 100 Milliarden Euro jährlich.

Ihre Dramatik beziehen diese Daten aus der Tatsache, dass die Machtverhältnisse sich auf vielen Personalmärkten gedreht haben. Stichwort: Kampf um Talente. Man vergisst dabei leicht, dass die Studien von einem Institut stammen, das nicht nur Meinungen erhebt, sondern auch deren Ergebnisse bewirtschaftet und sich selbst als Retter empfiehlt.

Aber auch die Presse spielt jedes Jahr mit: Zuverlässig veröffentlicht sie die Ergebnisse, schon allein, weil in manchen Redaktionen solche Skandalzahlen die Klickwerte der Meldungen bonusrelevant erhöhen.

Vor allem beim Selbst- und Fremdbild von Führungskräften klaffen Wunsch und die erhobene „Wirklichkeit" auseinander. Die Chefs halten sich für kooperativ, die Mitarbeiter halten das für autoritär.

Kann das verwundern? Wie alle Evaluationskriterien erzeugt eine Befragung die Wirklichkeit, die sie zu vermessen vorgibt. Sie verändert das Verhalten der Evaluierten und greift konditionierend in die Bewertungsprozesse ein. Der Mitarbeiter öffnet seinen Denk-Zettel-Kasten:

„Worüber könnte man sich denn mal beschweren?"

In den Beurteilungen ist deshalb immer ein pädagogisches Element enthalten. Weil man die Konsequenzen der Rückmeldung nicht verantworten muss.

Befragungen sind mithin auch Entlastungsrituale für den Großkonsens der Nörgler. „Denen da oben" konnte man mal so richtig die Meinung sagen.

Für den Unternehmenserfolg deutlich wichtiger: Sollen die Führungskräfte so werden, wie die Mitarbeiter sie gerne hätten? Wollen wir duckmäuserische Konformisten? Seit ewigen Zeiten fordern Mitarbeiter mehr Wertschätzung ein; wie sieht es denn mit mehr Wertschätzung für Chefs aus? Wir sollten das Interpretationsmonopol von Führungskräften nicht aufweichen; das ist despektierlich, zerstört die Aura des Amtscharismas, des Geheimnisvollen, von dem jede Führung seit Angedenken lebt. Und es ist auch unternehmerisch naiv: Führung ist Führung im Dilemma, sonst bräuchte man keine Führung.

Führung ist immer dann in der Verantwortung, wenn es Zielkonflikte gibt. Die muss man entscheiden – und hat dann alle zu Gegnern, die anders entschieden hätten. Deshalb erzeugt Führung immer Widerstand – sonst erledigt sie ihren Job nicht. Leider haben viele Chefs keine Kraft, sich konsequent nicht gemein zu machen mit den Befindlichkeiten und Stimmungslagen der Mitarbeiter. Der Wettlauf um Beifallsprämien, wie etwa beim beliebten 360-Grad-Feedback, macht sie oft genug zu Anpassungsruinen.

Also, wir sollten diese Studien nicht als Krisensignal deuten. Es sind die ewigen Wiedergänger des Manager-Aufscheuchens. Nähmen wir die Zahlen ernst, wäre die deutsche Wirtschaft schon lange auf dem Niveau von Neu-Guinea.

Bis dahin wird es noch viele Untersuchungen geben, die uns zurufen: Die Apokalypse ist nahe! Doch noch ist sie immer ausgeblieben.

Die Vertrauenskrise der Ministerin

Ursula von der Leyen ist eine Fehlbesetzung, weil ihr die Bundeswehr misstraut. Das macht gute Führung unmöglich.

Schikanen, Missbrauch, Extremismus – es sind teilweise schon bizarre Dinge, die in der Bundeswehr passieren. Das Führungsverhalten der Bundesverteidigungsministerin ist angesichts solcher Probleme nicht unbedingt hilfreich, vorsichtig formuliert. Ursula von der Leyen setzte nicht etwa eine Untersuchungskommission ein. Sie lud auch nicht zur Konferenz mit eigenem Vortrag, wandte sich auch zunächst nicht an die eigenen Mitarbeiter. Nein, sie warf ihrer Truppe im Fernsehinterview kollektiv ein „Haltungsproblem" und „Führungsschwäche" vor.

Man mag das so sehen, aber darf man das als Verteidigungsministerin öffentlich sagen? Nein, das war ein Fehler. Aber der wäre ja noch verzeihlich. Die Schwierigkeiten liegen tiefer, und sie haben in diesem Fall eine lange Vorgeschichte.

Ursula von der Leyen war bei der Bundeswehr schon immer eine Fehlbesetzung. Vor allem, weil sie ihr Legitimitätsdefizit nie abbauen konnte. Dafür gibt es gleich drei Gründe: Erstens sind (und bleiben) die meisten Chefs aufgestiegene Sachbearbeiter. Das ist schlimm genug – aber immerhin sind sie wenigstens mal Sachbearbeiter gewesen.

Wenig bis gar keine Expertise von einer Branche zu haben, ist das andere Extrem. So wie der unternehmerisch unbedarfte Ex-Politiker Roland Koch beim Bauunternehmen Bilfinger ein Missverständnis war, so ist es Ursula von der Leyen bei der Bundeswehr. Sie ist Ärztin, also so ziemlich das genaue Gegenteil des Kriegshandwerks.

Zweitens verträgt sich ihre seit jeher pastoral-moralisierende Mentalität nicht mit dem System. Die Bundeswehr ist nicht die Heilsarmee. Das Erste, was sie als Verteidigungsministerin einführte, waren Kita-Plätze. So sinnvoll die vielleicht auch sein mögen: Wer so handelt, hat nicht begriffen, worum es in der Truppe geht. Drittens erweckt sie den Eindruck, als wolle von der Leyen vor allem in der politischen Parallelgesellschaft punkten, nicht in der Bundeswehr. Schon in anderen Ministerien ging es ihr durch Initiativen wie Elterngeld und Frauenquote vorrangig um eigene Reliefprofilierung.

Auch in ihrer aktuellen Funktion präsentiert sie sich vor allem als personifizierte Durchsetzungsfähigkeit, die sich damit von ihrem Vorgänger absetzen will. Dafür nimmt sie den Loyalitätsbruch gegenüber ihren Mitarbeitern in Kauf. Das ist das eigentliche Problem. Führung ohne Vertrauen ist unmöglich.

Auch von der Leyen hat in ihrer Zeit als Verteidigungsministerin immer wieder ihr Vertrauen zur Truppe proklamiert. In Wahrheit signalisiert sie seit drei Jahren kollektives Misstrauen gegenüber ihren Mitarbeitern. Es fing an bei der Farce um das angeblich untaugliche Sturmgewehr, setzte sich fort mit Heerscharen externer Berater und endet vorläufig bei den öffentlichen Vorwürfen. Misstrauen erzeugt aber Misstrauen. Deshalb misstrauen ihr jetzt die Soldaten. Kann man das reparieren? Nein, Misstrauen legt sich nie mehr wieder hin, wenn es sich einmal erhob. Damit ist ein ernsthafter Wandel in der Truppe mit von der Leyen nicht mehr möglich. Als Führungskraft der Bundeswehr hat sie keine Existenzberechtigung mehr. Wird sie deshalb zurücktreten?

Unwahrscheinlich. Wir haben ja auch in der Wirtschaft viele Vorgesetzte, die das Vertrauen der Geführten längst verloren haben und trotzdem weiter ihr Unwesen treiben.

Arbeit muss vieles, aber nicht Sinn stiften

Unternehmen sollen ihren Angestellten um jeden Preis sinnvolle Arbeit geben – ein sinnloses Unterfangen.

Was ist gute Arbeit? Das wollten vor einigen Jahren Wissenschaftler im Auftrag des Bundesministeriums für Arbeit und Soziales von 5.300 Deutschen wissen. Nach der Existenzsicherung, aber noch vor Anerkennung, Abwechslung und Aufstieg sagten die Befragten: etwas Sinnvolles tun! Das dachte sich auch ein mir bekannter Händler. Vorher verkaufte er Sportartikel, nun bietet er Bewegungshilfen für Behinderte an. Sein Motiv: Im Vergleich zu früher sei das neue Produkt ja richtig sinnvoll.

Aber was soll das eigentlich sein, dieser Sinn? Die Welt retten – darunter machen es inzwischen die wenigsten. Trostpreise gibt es noch für Gesundheit, Frieden, Ökologie und Gemeinwohl. Jedenfalls muss die Tätigkeit möglichst groß sein und die viel zitierte „Entwicklung" beinhalten. Was aber machen Verkäufer in Schuhgeschäften? Was ist mit Buchhaltern und Finanzberatern? Und die Werbetexter für die Tabakindustrie – ist deren Tätigkeit sinnlos?

Vielleicht ist es hilfreich, sich noch einmal die Bedeutung des Wortes klarzumachen. Sinn kommt aus dem althochdeutschen „sinnan", was so viel bedeutet wie der „Weg auf etwas zu". Wenn Arbeit per definitionem immer Arbeit für andere ist und einen Beitrag zur Lebensqualität anderer leistet, dann gibt es folglich keine sinnlose Arbeit. Dann ist auch Prostitution sinnvoll, ebenso wie Toilettenreinigung und Waffenherstellung. Wer also heutzutage nach sinnvoller Arbeit sucht, der kalkuliert allenfalls den sozialen Beeindruckungswert.

Das hindert die Unternehmen nicht, sich als Sinnproduzenten aufzuspielen. Sensemaking gilt als Aufgabe moderner Führung. Die Arbeitgeber scheuen sich gleichsam nicht, den Mitarbeitern Sinn zu „verordnen". Die einen entwickeln Visionen und wollen der Größte werden, die anderen den Unternehmenswert mehren – oder schlicht nur ein bestimmtes EBITDA erreichen. Eine reine Versorgungsleistung hingegen wird als zu profan empfunden. Es reicht nicht mehr, das Leben der Menschen mit Produkten und Dienstleistungen zu verbessern oder zu verschönern. Vielmehr geht es darum, ein allumfassendes Sinnangebot auf den Markt zu bringen. Unternehmen stehen für „Werte", gar für „Philosophien", für „Fortschritt", für die Großwortruine „Nachhaltigkeit" sowieso. Überall wimmelt es von grotesk überdehnten Bekenntnissen zum Gemeinwohl, zur Ökologie, zur Menschlichkeit, zur gesellschaftlichen Verantwortung. Konkretisierung ist dabei nicht zu befürchten.

Kann das funktionieren? Mitnichten. Es gibt keine administrative Erzeugung von Sinn. Er liegt nicht im Regal, darauf wartend, bei Bedarf herausgeholt zu werden. In Wahrheit kann nur der Einzelne den Dingen Sinn verleihen. Deshalb heißt es Sinn-„Gebung", nicht Sinn-„Nehmung". Und dieser Sinn ist so unterschiedlich wie die Angestellten selbst. Für den einen ist es der Lebensunterhalt, für den anderen der soziale Austausch, für den dritten Unterhaltung. Ja, dabei fehlt das Pathos – aber was ist daran verkehrt?

Wer nach dem Sinn fragt, ist krank, befand Sigmund Freud. Wer seine Arbeit nicht mag und als langweilig empfindet, sollte sich eine andere suchen. Die mag besser zu ihm passen, vielleicht auch besser bezahlt sein. Aber sinnvoller ist sie auch nicht.

Frech wie Günter Netzer

Unternehmen dürfen ihre Mitarbeiter nicht mit Regeln überschütten. Sonst machen sie irgendwann den Netzer.

Für viele ist es immer noch das Jahrhundertspiel und zugleich die wohl dramatischste Führungssituation im deutschen Fußball: DFB-Pokalendspiel 1973, Borussia Mönchengladbach gegen den 1. FC Köln. Starspieler Günter Netzer sitzt auf der Bank, nachdem sein Wechsel zu Real Madrid durchgesickert war. In der Halbzeitpause soll er doch endlich auf den Platz. Sein Vorgesetzter und Trainer Hennes Weisweiler drängt ihn, doch Netzer weigert sich.

Dann, kurz vor der Verlängerung, beim Stand von 1:1, wechselt er sich selbst ein. Weisweiler schaut weg, lässt es geschehen. Netzer stürmt nach vorne, die blonde Mähne weht wie eine Fahne hinter ihm her, erster Ballkontakt, Schuss mit links, Tor, Pokalsieg. Ganz schön selbstbewusst, aber auch ganz schön erfolgreich. Ein Modell fürs Management?

Hier bündelt sich vieles, was gegenwärtig in den Unternehmen diskutiert wird. Die Märkte sind unruhiger als je zuvor. Der Einzelne kann die Komplexität kaum mehr bewältigen, muss sich auf andere stützen. Kann man als Chef noch den Durchblick haben, oder reicht der Überblick? Ist es überhaupt noch möglich, die Komplexität im Griff zu haben?

Klar ist: Personaleinsatz ist keine Entscheidung mehr, die von oben nach unten getroffen wird. Der Mitarbeiter muss selbst initiativ werden, sich selbst – um beim Fußball zu bleiben – einwechseln. Und auch das Prinzip Entweder-oder hat ausgedient; es muss durch ein Sowohl-als-auch ersetzt werden. Dafür ist die Fähigkeit unabdingbar, mit Unklarheit und Unschärfe umzugehen.

All das hat Konsequenzen für die innere Verfasstheit von Organisationen. Ein hoher Vertrauenspegel ist wichtig, wenn auch begrenzt auf bestimmte Gegenstände und Themen. Viele Regeln sollten daher eher den Charakter von Richtlinien haben, die begründete Ausnahmen zulassen. Es gibt Situationen, in denen man sie brechen muss.

Es geht gar nicht anders: Das moderne Unternehmen darf und muss darauf vertrauen, dass die Mitarbeiter mit Regeln vernünftig umgehen, sie klug interpretieren. Der profitorientierte Kundennutzen ist dabei die Richtlinie.

Allerdings: Der Raum der Selbsterhaltungsvernunft darf nicht verlassen werden. Mit einer Zehn-Prozent-Unschärfe müssen wir leben, wenn wir nicht starr und unflexibel werden wollen. Es ist jedenfalls besser, einigen Mitarbeitern mal auf die Finger zu hauen, als alle Mitarbeiter in Sippenhaft zu nehmen und mit einem Regelungsnetz zu überziehen. Das macht das Unternehmen nur langsam und unflexibel. Grundsätzlich aber sollte man sehr zurückhaltend sein, jedes Gestaltungsproblem mit einer Richtlinie zu erschlagen.

Je mehr Regeln es gibt, desto mehr bringt man die Menschen in Dilemmata, nötigt man sie gar, Regeln zu übertreten. Das ist als Sich-selbst-erfüllende-Prophezeiung wohlbekannt. Für die Unschärfe braucht es Urteilskraft und Mut. Urteilskraft für das Spezielle der Situation. Mut zum Handeln in Unsicherheit. Netzer wusste: Abnabelung – das war schon immer die Bedingung des Erfolges. Weisweiler wusste: Führung sollte nur dann eingreifen, wenn sie es mit Blick auf die Überlebensfähigkeit des Unternehmens nicht lassen kann.

Die Lüge vom globalen Spitzenmanager

Oft heißt es: Wer im globalen Wettbewerb um kluge Köpfe mitspielen will, muss hohe Gehälter zahlen. Stimmt das?

Es ist nicht zu übersehen, dass extreme Manager-Gehälter zur Legitimitätskrise des Kapitalismus beitragen, die die politischen Aufbrüche der letzten Monate motivieren. Begründet werden die Bezüge mit dem Wettbewerb. Es gäbe nur eine kleine Elite von Managern, die Konzerne steuern könnten. Und um diese tobe eine weltweite Konkurrenz. Wolle man die besten Leute, müsse man das Geld zahlen.

Gibt es diesen Wettbewerb? Oder gehört dieses Argument zu den gegenwärtig heiß diskutierten Aussagen, die eine Realität jenseits der Fakten behaupten, weil sie einer tieferen Wirklichkeit des gesunden Elite-Empfindens entspricht? Um hier nicht selbst die Grenze zwischen Tatsache und Meinung zu verwischen, will ich die Quelle meiner Faktenbasis öffnen. Ich stütze mich zunächst auf die Forschungen des Soziologen Michael Hartmann, der die Zahlen für die letzten Jahre zusammengetragen hat.

Das Ergebnis: Definiert man die Manager-Elite als Personengruppe, die Spitzenpositionen in großen, weltweit operierenden Unternehmen besetzt, ähnliche Interessen und Lebensstile teilt, auf denselben Ausbildungsstätten war und sich als Weltbürger versteht, dann kann von einem wirklich globalen Wettbewerb keine Rede sein. Von den CEOs der 1.000 größten Unternehmen der Welt leitet gerade mal nur jeder achte ein Unternehmen außerhalb seines Heimatlandes. Hinzu kommt, dass zwei Drittel der ausländischen Vorstandschefs innerhalb ihres muttersprachlichen Raumes arbeiten; nur jeder Dritte lässt sich auf eine fremde Sprache und Kultur ein. Nur zwei Prozent der insgesamt 1.300 CEOs, die für Hartmanns Studie durchleuchtet wurden, sind in Elite-Einrichtungen im Ausland ausgebildet worden. Überhaupt haben nur drei von zehn Managern länger als sechs Monate im Ausland gelebt.

Und, Hand aufs Herz, wie viele deutsche Manager sind in den letzten Jahren vom Ausland gerufen worden? Fünf? Zehn? Man könnte noch viele Zahlen anhäufen, um zu dem Schluss zu kommen: Die weitaus meisten Spitzenmanager sind fest in ihrer Heimat verwurzelt – in der Sprache und Kultur des Landes, in dem sie aufgewachsen sind.

Ist das zu bedauern? Nicht unbedingt – und jetzt bringe ich meine eigene Erfahrung ins Spiel: Immer wieder sehe ich, wie internationale Expansionen scheitern (zumindest unter ihren wirtschaftlichen Möglichkeiten bleiben), weil man einen Amerikaner zum Chef in Finnland, Polen und sogar England macht. Oder einen Franzosen nach Belgien schickt.

Der chinesische Computerriese Lenovo verlässt sich ausdrücklich auf Talente vor Ort, um durch die gemeinsame Tradition und Sprache eine Vertrauenskultur zu ermöglichen. Bei einem Umsatz von 40 Milliarden Dollar und 54.000 Beschäftigten im Jahr 2014 leistet sich das Unternehmen nur etwa 50 Führungskräfte aus dem Ausland. Man mag diese Bodennähe sogar als verschlafene Globalisierung bemitleiden. Aber auf einen internationalen Wettbewerb um Spitzenmanager als Faktum können sich extreme Angestelltengehälter nicht stützen. Das wäre als Tatsachenbehauptung falsch.

Und als Meinung nur naiver Multikulturalismus.

Echter Teamgeist ist möglich, wenn …

Virtuelle Teams, Homeoffice und Videokonferenzen – die Digitalisierung stellt den Teamgeist auf die Probe.

Einzelkämpfer sind schon lange out, einzig allein dem Teamplayer gehört die Zukunft. Aber kann echter Zusammenhalt in Organisationen überhaupt entstehen? Kommt es nicht zwangsläufig zu Eifersüchteleien und ungesundem Konkurrenzkampf – und: Wie vermeide ich das als Führungskraft?

Erstens: Zusammenarbeit ergibt sich nicht von selbst. Sie muss den Menschen und den Umständen mühsam abgerungen werden. Der Grund: Als Gattungswesen sind wir Selbstoptimierer; unsere biologischen Wurzeln stützen seit jeher die Erfahrung, dass uns das Hemd näher ist als der Rock. Wenn das so ist, unter welchen Umständen arbeiten dann Menschen zusammen? Die grundsätzlichste Antwort gibt uns die Anthropologie. Sie sagt: Was uns zusammenführt, das sind gemeinsame Probleme. Probleme, für deren Lösung ich den anderen „brauche". Man bemerke den instrumentellen Wert des anderen: Es ist und bleibt ein „Ich", das den anderen braucht. Zusammenarbeit entsteht, wenn es mir schlecht geht, sollte der andere seinen Job nicht machen.

Aber ist das schon Teamgeist? Nein, so lautet die Antwort der Psychologie, es muss eine weitere Komponente hinzukommen, die über das reine Brauchen hinausgeht: Ich muss den oder die anderen auch mögen. Sonst verflacht die Zusammenarbeit zur Koordination – was für manche Aufgaben hinreichend ist, aber keinen Teamgeist erzeugt. Für dieses Mögen ist physische Gegenwart unabdingbar, ich muss dem anderen mindestens in regelmäßigen Abständen begegnen. Das knappste Lebensgut ist dafür die einzige, unabweisbare Wahrheit: Zeit. Zeit, die ich mit diesem Menschen verbringe, aber nicht mit jenem. Es ist mithin naiv, Teamgeist zu erwarten in „virtuellen Teams", deren Mitglieder auf der ganzen Welt verstreut sind. Sie mögen ihre Aufgabe erledigen, aber die emotionale Komponente des „Einer für alle, alle für einen" kann sich nicht entwickeln. Wenn diese aber für den Erfolg verzichtbar ist, muss man nicht trauern.

Drittens: gemeinsame Zukunft. Alle sozialen Systeme – Familien, Freunde, Unternehmen, eben auch Teams – präsentieren sich im Angesicht der Zukunft, die sie erwarten. Haben sie überhaupt eine gemeinsame Zukunft? Schon die Lebenserfahrung zeigt, dass wir uns anders verhalten, wenn wir mit einem Menschen eine gemeinsame Zukunft erwarten oder nicht. Dass wir uns anders verhalten, wenn die Wahrscheinlichkeit groß ist, dass wir diesen Menschen nie mehr wiedersehen. So wie ja ein ganzes Filmgenre davon lebt, dass sich die gemeinsam erfolgreichen Bankräuber beim Verteilen der Beute wieder in Hyänen verwandeln.

Für Unternehmen wird zukünftig die Erwartung gemeinsamer Zukunft immer wichtiger: In der digitalen Welt kann der Sinn der Organisation nicht mehr vergangenheitstrunken aus Traditionsstolz geschöpft werden, sondern nur noch aus einer gemeinsamen Zukunft.

Teamgeist entsteht also, wenn es gelingt, das Unternehmen als eine sachlich notwendige und emotional gewollte Solidargemeinschaft mit Blick auf eine gemeinsame Zukunft zu gestalten. Insofern: Teamgeist ist in Organisationen keine Utopie. Sie ist in der digitalen Welt nicht nur wichtiger denn je, sondern auch wahrscheinlicher.

Donalds Lektionen

Können Manager von Donald Trump lernen? Vom Politiker nicht – vom Unternehmer und Redner schon.

Donald Trump wollte im eigentlichen Sinne niemals Präsident der USA werden. Er ist ein amerikanischer Oligarch, der durch die Präsidentschaft seine Geschäfte revitalisieren will. Das wird ihm nach der Wahl vermutlich gelingen. Auch Manager werden gewählt, und zwar von den Mitarbeitern. Indirekt zumindest. Mitarbeiter wählen, ob sie sich führen lassen. Das entscheiden sie täglich mit einer Fülle von produktivitätsrelevanten Handlungen. Nimmt man das zum Maßstab, haben wir in den Unternehmen mehr abgewählte Vorgesetzte als gewählte Führungskräfte. Nur dass eine Abwahl selten Konsequenzen hat.

Eine für den Wahlausgang wichtige Situation ist dabei die Ansprache, die Rede vor der Mannschaft – egal, ob als tägliche Treppenansprache oder als Jahresauftaktrede. Die Ansprache ist eine Schlüsselsituation. Sie ist die wirkungsvollste Art zu zeigen, wer jemand ist und was ihm wichtig ist. Auch wenn man vor einem deutschen Publikum faktenbasierter argumentieren muss als vor einem amerikanischen. Wenn eine Führungskraft vor ihrer Mannschaft steht und eine Ansprache hält, dann entscheiden die Zuhörer, ob sie wirklich etwas hören – oder ob sie nur physisch anwesend sind. Sie stellen implizit zwei Fragen, die gleichsam als Grundzweifel immer mitlaufen:

1. Ist die Führungskraft glaubwürdig?
2. Meint sie mich?

Erstens: Glaubwürdigkeit war die wichtigste Leitunterscheidung im US-Wahlkampf: Trump ja, Clinton nein. Clinton galt als verlogen, ihr Verhalten antrainiert. Wie oft sagten Amerikaner: „ABC!" – „Anything but Clinton!"

Lieber einen ehrlichen Idioten als eine täuschende und enttäuschende Bildungsbürgerin, die Werte und Moral predigte, der aber der Verrat aus jeder Pore tropfte. Weil sie eine alte, korrupte Politikerkaste repräsentierte. So hat Trump zwar die Minderheiten verloren, aber Clinton hat sie nicht gewonnen.

Zweitens: Meint er mich? Trump sprach zu den Menschen, Clinton sprach über Themen. Clinton sprach, mehr noch, tatsächlich „über" Themen – von oben herab und mit hohem Abstraktionsgrad. Trump hingegen rümpfte nicht die Nase über Normalmenschen, trug keine elitären Ideale vor sich her. Seine Botschaft: Ich stehe auf eurer Seite! Ihr seid in Ordnung! Ihr seid der Souverän, nicht die politische Parallelgesellschaft! Er verzichtete entsprechend auf jede Umerziehungsrhetorik, auf moralisierende Belagerung, auf politische Korrektheit.

Trump wusste, dass Ansprachen keine wissenschaftlichen Referate sind. Er zielte auf die Herzen, Clinton auf die Köpfe. Daher seine emotionale Wortwahl und die ungezwungene Diktion. Kurze Wörter, kurze Sätze, bildhaftes Sprechen.

Besonders beeindruckend: Die Gestik kam immer vor der Aussage, bereitete sie wirkungsvoll vor. Ganz anders als die üblicherweise blutleere, phrasenhafte Manager-Sprache, die man oft nur benebelt ertragen kann. Inhaltlich klang vieles nach Reetablierung der Romantik in Politik und Wirtschaft. Genau danach sehnen sich die Menschen; das Gros der Wirtschaftsführer hat das nur noch nicht begriffen. Aber das ist eine andere Geschichte – aus der man zweifellos noch mehr lernen könnte.

Führung muss Heimat bieten

In unsicheren Zeiten haben Mitarbeiter ein Bedürfnis nach Zugehörigkeit – wie können Manager es befriedigen?

Die Popularität der populistischen Parteien in den Niederlanden über Frankreich bis hin nach Italien, der Brexit und die US-Wahl sind eher Fiebermesser als Therapie – doch ein Element des Krankheitsbildes ist auch für Manager relevant.

Man kommt ihm näher, wenn man sich die Triple Bottom Line der Unternehmensführung anschaut: Profitabilität, Legitimität, Identität.

Gerade Letztere wird von Managern oft vernachlässigt: Wen meinen wir, wenn wir „wir" sagen? Die Antwort darauf formt aus Unternehmen eine unterscheidbare Einheit. Und das ist heute wichtiger denn je.

Gerade im Wirtschaftsleben erzeugen Delokalisierung, Flexibilisierung und Geschwindigkeit das Bedürfnis nach einem Ort der Zugehörigkeit. Wenn überall die Globalisierung als Legitimierung herhält, erfordert sie gleichzeitig auch den Aufbau von Heimat. Denn die Geschichte sozialer Bewegungen lehrt, dass kollektive Identität nicht alleine deshalb entsteht, wenn Einzelinteressen aufeinandertreffen.

Von dieser Erkenntnis sind viele Unternehmensführungen inzwischen allerdings weit entfernt. Sie haben sich in ihrer postnationalen Raumkapsel von großen Teilen der Mitarbeiterschaft verabschiedet. Sie sind nicht an den Ort gebunden, genießen vor allem die Vorteile der Globalisierung und haben die Mittel, sich den Nachteilen weitgehend zu entziehen. Entgrenzung, Größe und die Steigerung des Unternehmenswertes als Selbstzweck sind die Götter, denen sie dienen.

Sie inszenieren Unternehmen als Umerziehungsheime, vermessen, optimieren und entmündigen die Mitarbeiter, oktroyieren Englisch als Firmensprache (auch unter Deutschen) und führen nötigend das Duzen ein. Sie „rollen aus", was das Zeug hält und unterwerfen – „one size fits all" – ihren

Kader Führungsstil-Diktaten. Auch die Exzesse der Manager-Gehälter verdanken sich einer globalen Logik.

Das ist die organisierte Einführung in die Heimatlosigkeit. Wenn Personalführung eine Grundordnungsfunktion hat, die einen verlässlichen Handlungsrahmen zur Verfügung stellt, dann gehört dazu heute mehr denn je der Ort. Führung kann helfen, jene lebensweltlichen Verluste aufzufangen, die die Modernisierungen herbeiführen.

Es geht um Kompensation durch Traditions- und Kontinuitätsbewahrung. Wie das geht? Führung muss das Lokale ehren, Unterschiede wahrnehmen und das Dezentrale wertschätzen.

Nur dort lässt sich die Frage beantworten, die sich der Philosoph Martin Heidegger bereits im Jahr 1931 stellte:

„Wenn die hinterste Ecke des Erdballs technisch erobert und wirtschaftlich ausbeutbar geworden ist, wenn jedes beliebige Vorkommnis an jedem beliebigen Ort zu jeder beliebigen Zeit beliebig schnell zugänglich, wenn Zeit nur noch Schnelligkeit, Augenblicklichkeit und Gleichzeitigkeit ist – dann, ja dann greift immer noch wie ein Gespenst über all diesen Spuk hinweg die Frage: Wozu? Wohin? Und was dann?"

Führung muss darauf Antworten finden.

Nur leider lieb ich dich, Amerika

US-Autoren haben das Denken und Handeln von Führungskräften beeinflusst – nicht immer mit positiven Folgen.

Management wurde in den USA erfunden – glauben die Amerikaner. Deshalb sind für sie nicht amerikanische Ideen „food for thought", aber ohne Praxisrelevanz. Dieses Selbstbewusstsein ist nicht ganz unberechtigt. Die großen Erzählungen der jüngeren Wirtschaftsgeschichte – Amazon, Microsoft, Apple, Facebook – kommen aus Amerika, die Deutschen bauen allenfalls Elektromotoren in alte Autos.

Und was haben die Amerikaner der Management-Welt nicht alles verkauft: Seit den Schriften des Philosophen und Ökonomen Peter Drucker rennen wir MbO-Zielen hinterher; den Autoren Tom Peters und Robert Waterman gelang 1982 mit „In Search of Excellence" das meistverkaufte Management-Buch aller Zeiten – obwohl sie später eingestehen mussten, dass sie ihre Daten schlicht erfunden hatten.

Trotzdem brockten sie uns die „Unternehmenskultur" und das „gelebte Wertesystem" ein. Kenneth Blanchards „Der Minuten Manager" übertrug das mechanistische Gewusst-wie ebenfalls in den 80er Jahren als Schraubendreherlogik auf die Führung von Menschen. Und Spencer Johnson machte uns im Jahr 1998 mit seiner „Mäusestrategie für Manager" alle zu käsesuchenden Nagern. Auch der frühere Daimler-Vorstandschef Jürgen Schrempp konnte der Verheißung nicht widerstehen: Er krallte sich gegen jede betriebswirtschaftliche Vernunft an Chrysler, um sein Gehalt in amerikanische Höhen zu schrauben.

Seitdem haben wir auch hierzulande groteske Manager-Einkommen. Die entsprechenden Bonusexzesse, die Flucht aus der Qualitätsarbeit in die Qualitätsbehauptung, die sich ISO nennt, die politische Korrektheit, die Sprachverseuchung des „Sinn-Machens" – alles amerikanische Importe. Wer mit amerikanischen Managern arbeitet, muss vor allem eines wissen: Wenn ihnen etwas zu schwierig wird, greifen sie zur Religion. Die Religion, die sie der Management-Welt verkaufen, ist Machbarkeit. Mit Mut und

Einsatz ist alles möglich! Pläne sind wichtig, Ziele, Träume. Unterhalb des Großartigen, Exzellenten geht da nichts. Deshalb das klare Bekenntnis zur Elite, zur Nummer eins. Auch Niederlagen verleiten nicht zu Wirklichkeitssinn.

Im Gegenteil: Man kann scheitern, das ist kein Problem; Liegenbleiben wäre ein Problem. So wie sie sich von Bernie Sanders und Donald Trump die Wundertüten des Neuen verkaufen lassen – Hillary Clinton steht für das Alte –, so verkaufen sie ihren Mitarbeitern „bold messages", kindlich-naiven Optimismus, Visionen und eine „future", die auch bei heftigsten Umsatzeinbrüchen immer „bright" ist.

Als Grenzen werden nur die selbstgesetzten akzeptiert; fremdgesetzte sind eine Provokation. Und was in der amerikanischen Politik die Wahlversprechen, das sind in der Wirtschaft die Quartalsergebnisse.

Dieses heroische Management-Konzept wird als solches gar nicht wahrgenommen; es ist so unhinterfragt alternativlos, dass man sich mit kühler systemischer Institutionenökonomie wie beinahe exkommuniziert vorkommt. Es zählt nur der Einzelne, sein Genie und seine Tatkraft. Der US-Präsident Barack Obama bot mit „Hope" deshalb das mentale Überprogramm: Hoffnung ist nicht das, was zuletzt stirbt – sie stirbt nie.

Die Nachteile der Vielfalt

Unternehmen predigen gerne Diversity – dabei vergessen sie häufig deren Schattenseiten.

Früher galt Konformität als Erfolgsgarant. Eine eindeutige Hierarchie schaffte optimale Steuerungsvoraussetzungen. Das gilt heute nicht mehr uneingeschränkt, das Schlagwort heißt Diversity. Das ist nicht nur politisch korrekt, sondern angeblich auch wirtschaftlich sinnvoll: Man müsse in der Mitarbeiterschaft die Komplexität der Märkte abbilden.

Homogenität oder Heterogenität – beide Gegensätze können sich mit plausiblen Argumenten und wissenschaftlicher Unterstützung schmücken. Homogenität ist von Vorteil, wenn es darum geht, effizient zu arbeiten und bestimmte Produktionstechniken optimal zu nutzen. Man ist schnell und kann auf viele Regeln verzichten, weil die gemeinsamen kulturellen Prägungen vieles selbstverständlich machen.

Das reduziert die Transaktionskosten – und die Hierarchie bedient die Wünsche nach Klarheit und Konsequenz. Das funktioniert so lange gut, wie sich technologisch und absatzwirtschaftlich nicht allzu viel ändert. Dann kann man planen, steuern, kontrollieren. Beschleunigt sich aber die Umgebungsgeschwindigkeit, werden die Märkte unordentlich, dann passen klare Ordnungsmuster nicht mehr. Dann hat die Hierarchie zu viele gute Gründe, nicht genau hinzusehen. Dann glaubt man immer noch, das verkaufen zu können, was man herstellen kann.

Wenn sich aber die Umweltbedingungen ändern, wird man umstellen müssen: Dann muss man herstellen, was man verkaufen kann. Man erschafft aber mit alten Personen kein neues Unternehmen, sondern muss sie zumindest ergänzen.

Dafür braucht es Menschen, die Neues wagen, eigensinnig und kreativ sind, die unternehmerisch denken und handeln. Dann erweist sich der institutionelle Konformitätsdruck als lähmend. So wie es der Formel-1-Pilot Mario Andretti sagte: „Wenn du alles im Griff hast, bist du nicht schnell genug."

Aber man darf die Augen nicht vor der Schattenseite verschließen. Größere Diversität ist nicht kostenlos. Der Vertrauenspegel im Unternehmen sinkt, weil die Vertrautheit fehlt. Entsprechend wird man oft auch nicht schneller, sondern zunächst langsamer, weil die Abstimmungsprozesse noch länger dauern. Außerdem ergibt sich vieles nicht mehr aus kultureller Selbstverständlichkeit, sondern muss geregelt werden, wenn man Dauerkonflikte vermeiden will. All das erzeugt Bürokratiekosten.

Vielfalt ist also weder gut noch schlecht. Es geht vielmehr um die optimale Mischung. Und die ist weder eine modische noch eine ideologische Größe, sondern muss von den konkreten Marktbedingungen her bestimmt werden.

Was kann Führung tun? Wenn in einem Unternehmen der Konformitätsgrad zu hoch ist, muss sie ihren Störungsauftrag wahrnehmen. Dann muss sie bei der Personalauswahl und -entwicklung die richtigen Zeichen setzen. Insbesondere eckige Leute sind dann vorzuziehen.

Wenn man es mit der Diversity aber übertrieben hat, dann muss massiv in das Thema Vertrauen investiert werden. Auch wenn man dafür viel Geduld braucht.

Was wirklich erfolgreich macht

Vergessen Sie Karriereratgeber, wichtig ist vor allem eine Frage: Wird Ihre Erstklassigkeit wertgeschätzt?

Wollen Sie die ultimative Karriereformel wissen? Das wollen viele – und fast genauso viele behaupten auch, sie zu kennen. Eine ganze Industrie verkauft Ihnen Karrieretipps. Im Regelfall fokussieren die Experten sich auf Ihre sogenannten Stärken und Schwächen, also auf Eigenschaften Ihrer Person, und murmeln was von sozialer Intelligenz, Teamfähigkeit oder Durchsetzungsvermögen. Andere verhandeln die richtige Balance zwischen Anpassung und Durchsetzung, Schaulaufen beim Chef und selbstgenügsamem Vor-sich-Hinarbeiten: Wie schaffen Sie als Angestellter den schmalen Grat zwischen Bescheidenheit und Selbst-Marketing?

Einerseits soll der Chef ja Ihre Großtaten mitbekommen, andererseits wollen Sie ihm nicht auf die Nerven gehen. Gefragt ist da der Rat der Psychologen, die flüssig (und manchmal überflüssig) über allerhand Mitarbeitertypologien, Motivationstheorien und Persönlichkeitsmodelle reden. Da gibt es rote, grüne und blaue Typen, große Eltern-Ichs und kleine Kinder-Ichs. Das ist der eigenschaftstheoretische Ansatz. Er wurde erdacht von pädagogik-affinen, aber wirtschaftsfernen Theoretikern. Und er plausibilisiert den Einsatz kurioser Assessmentcenter, die an Expertentum glauben und an eine Objektivität, die sich aus addierter Subjektivität ergibt.

Die Botschaft: Nun strengen Sie sich mal an! Sie müssen Ihr Leben ändern, mindestens aber Ihren „blinden Fleck" erkennen und an sich arbeiten.

Dieser Ansatz ist im Unwesentlichen richtig, im Wesentlichen falsch. Weil er kontextblind ist. Er blendet die Situation, die Organisation und konkrete Menschen aus. Und die Tatsache, dass es Deutungshoheiten gibt. Integrieren wir diese, dann lautet die erkenntnisleitende Frage für Ihr berufliches Lebensglück: Bekommen Sie für das, was Sie am besten können, auch ein Lächeln? Wird in Ihrer Firma Ihre Hauptbegabung auch wirklich nachgefragt – oder wird das immer nur behauptet? Die Antwort hat viel mit dem Beobachter zu tun, mit dessen Wahrnehmen und Bewerten. Es ist ja ein

Mythos, dass Leistung befördert wird. Befördert wird soziale Ähnlichkeit. Je ähnlicher diese Muster, desto positiver erlebt man sich gegenseitig. Umgangssprachlich heißt das: „Die Chemie stimmt." Denn wann ist ein guter Mitarbeiter ein guter Mitarbeiter?

Wenn der Chef sagt: „Das ist ein guter Mitarbeiter!" Das System will es so. Entweder haben Sie den richtigen Manager-Cw-Wert, oder Sie haben ihn nicht. Für das individuelle Vorwärtskommen ist also die Wahl des richtigen Spielfeldes viel wichtiger als Ihr Persönlichkeitsprofil. Deshalb lautet die ultimative Erfolgsformel:

1. Tun Sie das, was Sie absolut erstklassig können.

2. Wenn Sie das nicht wissen, lassen Sie von allem die Finger, was Sie nur zweitklassig können.

3. Gehen Sie damit möglichst in eine Nische; von Me-too-Anbietern haben wir überall genug.

4. Wählen Sie das richtige Spielfeld – also jenes, auf dem Ihre Erstklassigkeit wahrgenommen und wertgeschätzt wird. Wenn Sie sich da verwählt haben, lohnen Blut, Schweiß und Tränen nicht. Dann müssen Sie das Spielfeld wechseln.

Eine Ode an die Vorfreude

Wer ein Meister ist, hat ausgelernt? Mitnichten. Denn es geht nicht nur ums Können, sondern auch ums Freuen.

„Ein Meister ist, der übt."

Seit frühen Studientagen trage ich diesen alten Zen-Koan mit mir herum. Schön verrätselt: Wie kann jemand, der noch übt, schon ein Meister sein? Und zeichnet es nicht gerade den Meister aus, dass er nicht mehr üben muss? Übung, so sagt man, macht den Meister, aber wenn er dann Meister ist? Die Spannung von Gegenwart und Zukunft klingt hier an, von Stillstand und Bewegung, von Sein und Werden: Wie kann etwas, das noch wird, schon sein? Das ist keineswegs Höhenkamm-Philosophie, sondern wirtschaftsorganisatorische Praxis.

Denn der Dünkel der Hierarchie ist ja: Ich muss nicht mehr üben. Ich kann es schon. Es sind ja immer die anderen, die üben, lernen, sich ändern müssen. Anthropologisch kann man den Menschen als übendes Wesen beschreiben. Als ein Wesen, das sich mit jedem Handeln verbessert – sei dieses Handeln nun als Übung ausgewiesen oder nicht. Egal, was wir tun, ob bewusst oder nicht, ob wir wollen oder nicht, ob bei der Arbeit oder bei der Freizeit – wir formen uns durch unser Handeln selbst und steigern uns durch Wiederholung. Das Handeln erzeugt den Handelnden, wirkt auf uns zurück, schafft einen Zirkel des Immer-besser-Könnens, der – wie die Trainingswissenschaft schon seit Jahrzehnten nachgewiesen hat – irgendwann eine Überkompensation erzeugt und geradezu „Sprünge" des Kompetenzzuwachses ermöglicht.

Das heißt: Gelingen mündet in höheres Gelingen, Erfolg in noch steileren Erfolg. Vor allem, wenn es selbstforderndes Verhalten ist. Die Soziologie kennt diesen Steigerungszirkel als Matthäus-Effekt: „Wer hat, dem wird gegeben werden." Unter einer Bedingung allerdings: wenn wir nicht aufhören zu üben. Wenn wir uns nicht selbstzufrieden zurücklehnen. Das schließt bisweilen das Scheitern ein. Viele Menschen scheinen vergessen zu haben, wie sehr das Misslingen die Voraussetzung für Freude ist. Schauen

wir uns ein Kind an, das etwas versucht, scheitert, neu beginnt, wieder hin-
fällt, es erneut versucht … und es plötzlich schafft. Diese Freude! Das findet
man kaum mehr unter Erwachsenen. Weil sie nicht mehr üben, nicht mehr
scheitern, nicht mehr diese beglückenden Kontrasterfahrungen machen.
Und irgendwann von den Übenden überholt werden.

Deshalb: wiederholen, wiederholen, wiederholen. So wie der wiederholte
Gedanke zum Glauben wird, so bestimmt jedes Tun den Akteur, gestaltet
ihn als Persönlichkeit, als Unverwechselbaren, als Stil. Dazu bedarf es der
Disziplin, der Disziplin, der Disziplin.

Die Spannung dazu bezieht er aus der Zukunft. Weil die Industrierevo-
lutionen nicht wie früher gemächlich auf uns zukommen, sondern mit
Lichtgeschwindigkeit. Weil die Handlungen der Vergangenheit nur noch
bedingt helfen, die Fragen der Zukunft zu beantworten. Weil man mehr
Fernrohr braucht und weniger Rückspiegel. Macht Übung den Meister? Mag
sein. Wichtiger aber: Freude gibt es nur durch Übung. Und Zukunft auch.
Deshalb ist Vorfreude nicht nur die schönste Freude, sondern die einzige.

Leidenschaft, die Leiden schafft

Alle Angestellten sollen heute für ihren Job brennen – aber diese Attitüde ist maßlos.

Beim Fußball kann man sehen, was Leidenschaft ist. Männer (manchmal auch Frauen), die offenbar hormonell entgleisen, sich küssen, die Kleider vom Leib reißen, in ekstatischen Zuckungen aufeinander liegen, vor Freude außer sich sind. Machte man das im Unternehmen, würde wahrscheinlich der psychiatrische Notfalldienst vorfahren. Oder man hätte ein Verfahren wegen sexueller Belästigung am Hals.

Das hindert aber die Management-Literatur nicht daran, Leidenschaft auch für die Unternehmenswelt zu empfehlen. Ständig arbeitet man am Hitzepol: „Was innen nicht brennt, kann außen nicht leuchten." Oder: „Wenn Mitarbeiter nicht für das Unternehmen brennen, hat das Unternehmen etwas falsch gemacht." Geht es nicht auch eine Nummer kleiner?

Man wird kaum etwas einwenden können gegen Mitarbeiter, die ihre Aufgabe mit Hingabe erledigen. Aber für den Arbeitgeber brennen? Kann man Leidenschaft zum Credo eines ganzen Unternehmens machen? Ja, man kann: Coca-Cola will die Welt erfrischen und benötigt dabei die „Leidenschaft jedes einzelnen Angestellten" – von denen es weltweit über 120.000 gibt. Henkel erklärt: „Excellence is our passion." Das sei ein Bekenntnis für „alle, die bei uns arbeiten" – immerhin 50.000 Angestellte. Ähnliche Gelübde haben schon die Deutsche Bank abgelegt („Leistung aus Leidenschaft"), Adecco („We are passionate about people") und Nestlé („Our passion for nutrition, health and wellness"). Da will „Der leidenschaftliche Frisör" nicht nachstehen – von dem wir hoffen, dass er nicht zu leidenschaftlich ist.

Warum nicht angemessener und realitätsnäher? Man schafft mit diesen Extremaussagen eine Vergleichbarkeit zwischen Verlautbarung und Verhalten, und in dieser Lücke wuchert der Zynismus. Wir müssen und können nicht jeden Tag mit der olympischen Flamme zur Arbeit rennen. Es darf nicht störend sein, wenn einer schlicht seinen Job macht und nicht dauernd übererfüllt. Der Job mit Aufgabe, Karriere, Zugehörigkeit, Unterhaltungswert, Geldverdienen, Prestige – der gehört zu den Spielsachen des Lebens.

Wir sollten es ernst meinen mit dem Spiel, aber nicht zu ernst. Auch wenn es schwer ist, ernst zu sein und leicht, zu ernst zu sein. Und wir sollten nicht überhöhte Erwartungen an uns und unsere Arbeit haben, die von keinem Menschen und von keinem Unternehmen zu erfüllen sind. Mittlere Temperaturen sind da hilfreich. Zudem: Wenn die Mitarbeiter und Führungskräfte so leidenschaftlich sind, warum braucht es dann Motivierung? Warum Bonussysteme, die zu Höchstleistungen bewegen sollen?

Entweder die Leute sind leidenschaftlich, dann setzen sie sich ein für ihre Aufgabe, dann braucht es keine Boni. Oder sie sind es nicht – und die Boni zerstören die Hingabe an die Aufgabe und ersetzen sie durch die Hingabe an die Brieftasche. Was in der Philosophie als klassischer Kategorienfehler gilt, materialisiert sich in der Ökonomie: Unklares Denken erzeugt unklares Sprechen erzeugt unklares Handeln.

Ein Prädikat mit Integrationskraft

Innovationskraft gilt als Schlüsselkompetenz. Doch in einem Unternehmen ist sie nur sehr selten zu finden.

„Nachhaltig" war gestern, heute ist „innovativ". Die Konjunktur dieses Prädikats verdankt es zunächst seiner Integrationskraft: Niemand ist dagegen, alle sind dafür. Sodann seinem Versprechen: Produktivitätsexplosionen, qualitatives Wachstum, Zukunftsfähigkeit. Zudem ist es wunderbar unbestimmt. Was dem einen sein „Break through"-Produkt, ist dem anderen seine „disruptive" Herstellungstechnik.

Die Frage ist: Wie erzeugt man Innovation? Eine Antwort: Sie wird staatlich organisiert. Innovation wird als steuerbar betrachtet und an Orten wie Zentren, Valleys oder Parks konzentriert. Ganze Regionen, ja sogar die EU soll zum innovativsten Wirtschaftsraum der Erde gemacht werden. In dieser Logik bewegen sich auch die Unternehmen, die Innovation innerhalb ihrer eigenen vier Wände anschieben wollen, sich als Start-up neu inszenieren, die Krawatten ablegen und zumindest rhetorisch zu neuen Ufern aufbrechen.

Dieses alte Modell ist nicht tot. Aber doch massiv herausgefordert durch ein neues Modell, das von genialen Nerds und kauzigen Tüftlern definiert wird. Die Computerrevolution ist eine Revolution von exzentrischen Einzeltypen. Typen, die in keiner Organisation eine Chance hätten. Das wird immer verwechselt. Man erträumt sich Typen wie Steve Jobs, Bill Gates und Elon Musk im eigenen Haus. Aber das Unternehmen würde grandios scheitern, würde es diese Traumtüftler massenhaft einstellen. Denn ein Unternehmen ist als Organisation gerade um die Ausschließung von Wissen und Innovation gebaut. Der Prozess des Organisierens ist nicht Alternativeröffnung, sondern Alternativvernichtung: Aus dem So-oder-so wird ein Nur-so. Signifikant ist die Einstellung zum Fehler: Der Fehler ist die Negation der Organisation, aber das Herzblut der Innovation.

Deshalb mögen sich Forschung und Verwaltung nicht. „Kreatives Chaos!", ruft die Forschung, „geldvernichtende Anarchie!", ruft die Verwaltung.

Vorsichtig formuliert: Innovation ist innerhalb einer Organisation extrem unwahrscheinlich.

Wie aber das Unwahrscheinliche wahrscheinlicher machen? Man kann die Organisation aufnahmefähiger für Neues machen, indem man die homosoziale Reproduktionsneigung schwächt: Schmidt, nicht Schmidtchen auswählen lässt.

Das heißt mindestens: Raus aus den Assessmentcentern! Denn diese haben eine ausgeprägte Tendenz zur unanstößigen Mitte. Da ist es besser, zu würfeln! Dann der Personaleinsatz: ein umgreifendes Unternehmensnetzwerk einrichten mit der richtigen Mischung aus Ideen-Erzeugern, Daten-Grüblern, Experten und Machern. Und Inkubatoren einrichten: Labors ausgliedern, Kreativitätsschmieden, digitale Brutkästen. Nur Rechtfertigungsverschonung lässt Neues gedeihen. Letztlich: Viele Kontraste einführen. Immer wieder „Leute von außen" holen. Exoten, Wiedereinsteiger, Branchenfremde. Außerdem muss sich jeder CEO 50 Arbeitstage pro Jahr auf Kongressen weltweit mit Irritationen versorgen. Sonst macht er seinen Job nicht.

Erst die Lösung, dann das Problem

Viele Unternehmen kümmern sich lieber um das Unwesentliche – und vernachlässigen das Wesentliche.

So geht das Geschäftsmodell des Managers: Er macht die Augen auf – und sieht eine Differenz. Irgendetwas läuft nicht, funktioniert nicht, entspricht nicht den Erwartungen. Oder ist mindestens steigerbar.

Er macht ja nicht die Augen auf und freut sich darüber, wie alles wunderbar zusammenläuft, sich selbst organisiert und Probleme löst. Nein, der Manager ist ein Differenzgenerator. Liegt keine Differenz vor, bringt er eine mit. Immer gibt es ja „room for improvement". Es gilt, dem Zeitgeist Genüge zu tun, der vornehmlich auf das Neue setzt, auch wenn auf das Klügere nur das Blödere folgt. Deshalb bietet der Manager Lösungen für Probleme, von deren Existenz eigentlich niemand etwas ahnte.

So wussten wir zum Beispiel noch nicht, dass Frauenförderung die Lösung ist. Wie hieß noch mal das Problem? Hat man irgendwie vergessen. Auch an der sozialen Intelligenz der Führungskräfte hapert es. An der wird es zwar aus Mitarbeitersicht immer fehlen, aber optimieren ist grundsätzlich gut. Auch ein zusätzlicher Key Performance Indicator (KPI), wie die Kennzahlen heute heißen, kann nicht schaden. Wie kamen wir früher nur ohne aus? Und alle sollen an der Bewerbung für „Great Place to Work" mitarbeiten, die Mitarbeiterbefragung beantworten, die Feedback-Gespräche führen, dabei auf die Burn-out-Problematik hinweisen, zu Ethikschulungen rennen …

Die Absurditäten folgen immer dem gleichen Muster. Entweder geben starke Kräfte ihre Partikularinteressen als Unternehmensinteresse aus (Personaler), man entdeckt eine Kontroll- und Steuerungslücke (Finanzer), oder man folgt einer Management-Mode, ohne die man nicht mehr State of the Art sei.

Sagt man etwas dagegen, wird darauf hingewiesen, wie wichtig die Themen seien und dass man die Leute entsprechend sensibilisieren müsse. Aber wollen wir Unternehmen wirklich nach dem Psychoslogan der 80er Jahre führen: „Gut, dass wir darüber geredet haben?"

Es gäbe wichtigere Themen. Bestehende und Noch-nicht-Kunden zum Beispiel, ihre alten und neuen Wünsche. Die Zukunftsfähigkeit des Unternehmens. Das sei das Wichtigste, sagen alle, aber nichts passiert. Die Grenzen des Unternehmens, das Verhältnis von Ich und Wir.

Dafür gibt es keine Patentrezepte, keine Instantlösungen, keinen aufbrausenden Applaus. Ein wichtiges Problem, das schwierig zu lösen ist, hat eben stets weniger Aufmerksamkeit als ein unwichtiges Problem, das leicht zu lösen ist. Und so lässt man lieber die Finger von den wichtigen, lässt nur jene Probleme zu, für die es eine Lösung gibt.

Oder man erschafft ein Problem, nachdem man von einer Lösung gehört hat – die berühmte angebotsinduzierte Nachfrage. Aber damit erzeugt man auch Ablenkungsenergie, wendet sich vom Primären ab, beschäftigt die Mitarbeiter mit Sekundärem. Man tut das Unwesentliche und vernachlässigt das Wesentliche. Wie der nächtliche Schlüsselsucher unter der Straßenlaterne, der auf die Frage antwortet, wo er denn den Schlüssel verloren habe: „Da hinten, aber da ist kein Licht!"

Das Dilemma der Dynastien

Familienunternehmen haben ein extrem positives Image. Doch das täuscht über ihre Schwächen hinweg.

Familienunternehmen gelten als positive Gegenbeispiele zu Großkonzernen. Meist im Modus des „Noch": In Familienunternehmen herrsche noch Maß und Mitte, dort werde noch langfristig gedacht, dort gäbe es noch anderes als nur die Intelligenz des maximalen Grapschens. Man orientiere sich stattdessen an Stolz und sozialer Verantwortung, sei zurückhaltend bei Entlassungen, Gewinne blieben im Unternehmen, die Eigentümerstruktur mache krisenresistent.

Dieser Positivkatalog wird auch keineswegs durch Nachteile geschmälert – etwa der oft absurd patriarchalischen Führung, nicht selten in der Maske des Christlichen. In Wahrheit ist das Modell Familienunternehmen eine Leidensgeschichte. Fast alle Unternehmen waren mal Familienunternehmen.

Nur zwölf Prozent der Familienunternehmen schaffen die Weitergabe bis in die dritte Generation, nur ein Prozent bis in die fünfte. Insofern ist der oft genannte Vorteil der Langfristorientierung nur teilweise berechtigt. Man ist mithin gut beraten, die besondere Sollbruchstelle von Familienunternehmen zu kennen.

Ihre Grundschwäche ist die Währung, mit der im Familiensystem gezahlt wird. Nicht Geld, sondern Liebe – zu Familienmitgliedern, zu bestimmten Produkten oder Herstellungsverfahren. Es heißt oft, Familienunternehmen müssten zwischen Familie und Unternehmen wählen. Das ist ein Scheinkonflikt. Zuerst muss das Unternehmen im Wettbewerb bestehen, um die Bedürfnisse der Familie befriedigen zu können. Firma und Familie sind nicht identisch, und Firma geht vor Familie. Unternehmen müssen vom Kunden her gedacht werden, von den Märkten. Das gilt für alle Entscheidungen: Produkte, Standorte, Organisationsstrukturen. Auch und vor allem für die Rechtsform, die man – bei allem Respekt vor dem Eigentum – entemotionalisieren muss.

Die interne Systemlogik Liebe bestimmt oft die Führungskräfteauswahl. Statt rationaler Kriterien dominieren Zusammenhalt und Gleichbehandlung der Kinder oder der Familienstämme. Und da bei der Unendlichkeit des Spiels – man kann die Familie nicht abwählen – die Möglichkeit des „opting out" grundsätzlich verschlossen ist, wird Leistungsschwäche chronifiziert, Tabus werden über Jahrzehnte verschleppt.

Das ist für die deutsche Wirtschaft bedeutsam: Bis 2018 musste in 135.000 deutschen Familienunternehmen die Nachfolge geregelt werden. Nach einer Studie der Zeppelin Universität wollen drei Viertel der Kinder von Familienunternehmern auch die operative Führung des elterlichen Unternehmens übernehmen.

Aber ist das Unternehmer-Gen vererbbar? Reicht Sohn- oder Tochtersein als Qualifikation? Führungstalent ist knapp, das dynastische Prinzip verengt den Talentpool weiter und geht mit dem ökonomischen Prinzip nicht gut zusammen. Ein Ausweg: Professionalisierung der Nachfolge (möglichst früh), Legislative behalten (Verwaltungsrat), Exekutive delegieren, externe Expertise einfließen lassen. Zugespitzt: Wenn ein Familienunternehmen erfolgreich ist, dann nicht wegen, sondern trotz der Familie.

Beobachten, nicht fragen

Kundenbefragungen sind seit Jahren Standard. Dabei dienen sie nur der Selbstberuhigung der Organisation.

Manche Motive erklären Handlungen, andere lösen Handlungen aus. Neurobiologen haben eine evolutionsgeschichtlich jüngere Hirnregion identifiziert, deren Prozesse uns bewusst sind und die ein Gefallen artikulieren („liking"). Diese Prozesse können sich zu einem Begehren verstärken („wanting"). Davon unabhängig erzeugt eine ältere Hirnregion Botenstoffe, die wir nicht bewusst wahrnehmen. Aber erst diese lösen Handlung aus („acting"). Zwischen Meinung, Begehren und Handlung gibt es keine lineare Verknüpfung.

Wir mögen vieles, begehren manches – aber ob wir handeln, ist damit nicht entschieden. Mehr noch: Man glaubt sogar, nachweisen zu können, dass die neuronalen Ströme rückwärts fließen. Das ist unsere Neigung zum Fabulieren: Begründungen für Verhalten folgen Handlungen, verursachen sie aber nicht. Das hat Konsequenzen für Marketing und Vertrieb. Insbesondere das Marketing geht davon aus, dass es potenzielle Kunden mit rationalen Argumenten und Gefühlsbotschaften zum Kauf veranlassen kann. Dabei stützt man sich darauf, was die Kunden sagen und was von der eigenen Erfahrung gespiegelt wird.

Kommt man damit dem Problem nahe? Befragungen zielen meist nur auf Bestandskunden, nicht auf Nicht-Kunden. Bei Letzteren aber gibt es Potenzial. Zudem wissen wir aus der Erkenntnistheorie: Befragungen bilden die Wirklichkeit nicht ab, sondern erzeugen sie. Fragen sind unausweichlich selbstreferenziell, engen ein, haben eine bestimmte Antworterwartung zur Grundlage. Zudem unterlaufen sie nötigend das bisherige Schweigen. Soll dabei etwas herauskommen, was auch nur näherungsweise der Wirklichkeit entspricht? Etwas, was wirkt?

Ein Unternehmen kann nicht den Wünschen der Kunden zuhören. Sondern nur deren Antworten auf die Fragen des Unternehmens. Aber Antworten sind keine Fakten. Und schon gar keine, auf die man Verkaufsstrategien bauen sollte. Wenn der Konsument etwas mag und das auch sagt, heißt das keineswegs, dass er dafür Geld bezahlt. Kundenbefragungen können also in die völlig falsche Richtung weisen.

Das Argument, durch Kundenbefragungen würden Mitarbeiter sensibilisiert, illustriert nur ein kurzgreifendes personenzentrisches Denken. Zu fragen wäre doch: Welche Institutionen verhindern Kundenorientierung? Nur dann würde man der Komplexität des Themas gerecht. Man muss also raus aus den Kundenbefragungen – sie dienen lediglich der Selbstberuhigung der Organisation. Und man muss rein in die Beobachtung. Man muss das Verhalten der Kunden analysieren – sowohl physisch als auch virtuell.

Und man muss experimentieren, unterschiedliche Erlebniswelten schaffen und die Kundenreaktion beobachten. Was sie tun, nicht was sie sagen. Und schon gar nicht, was sie antworten. Das hebt die traditionelle Trennung von Marketing und Vertrieb auf, zumindest zwischen Unternehmen und Konsumenten. Beide sind verantwortlich für den Blick auf die Kundenerfahrung. Für beide gilt das biblische Wort: „An ihren Taten sollt Ihr sie erkennen."

Persönlichkeit statt Mittelmaß

Anscheinend bestrafen Unternehmen Individualität. Das wird sich eines Tages rächen.

In meinem Beruf lerne ich viele verschiedene Unternehmen kennen. In den vergangenen Jahren begegnet mir dort immer öfter ein bestimmter Typus Mensch. Männlich ist er meistens, sehr geschmeidig, gut gekleidet – mit Ausnahme der Schuhe –, unaufdringlich, freundlich. Und irgendwie mittelmäßig. Was daran falsch ist? Ich vermisse Menschen mit einer Haltung, mit eigener Meinung und der Bereitschaft, sie auszusprechen. Menschen, die mit ihrer Eigensinnigkeit in Erinnerung bleiben.

Wo sind die kantigen, streitbaren Typen, Leute mit Stil, individueller Klasse und Courage? Sind Unternehmen Veranstaltungen zur Pathologisierung unerwünschter Individualität? Wo sind die Leute, die auch Kritisches sagen, dass man eben nicht „auf gutem Weg" sei, und die nicht dauernd mit dem Fahnenwort „Wertschätzung" wedeln? Die Widersprüche erkennen und in Argumente gießen? Zudringlichkeiten spüren und sich dagegen wehren? Lieber lassen sie sich in der Cafeteria zu gesundem Essen dressieren.

Betriebswirtschaftlich wichtig wird das mit Blick auf die Zukunftsfähigkeit der Unternehmen. Kaum noch jemand repräsentiert eine Alternative. Es sind keine zornigen jungen Männer, die für ein Andersmachen kämpfen, die Gegenvorschläge entwerfen. Sie hoffen eher, irgendetwas zu bekommen, zu erhalten, gesegnet zu werden. Ein Lob vielleicht, eine gute 360-Grad-Beurteilung, eine Bestätigung des Potenzials, eine Beförderung. Ihr Leben, ihre Karriere, ihre Zukunft lassen sie von anderen bestimmen.

Ihr Leistungsanspruch bezieht sich auf das kluge Anpassen, nicht auf den Neuentwurf. Rebellion verbietet sich, selbst wenn man den Gedanken zuließe. Draußen warten ja noch etliche, die auf ihre Chance warten. Das maximal Rebellische ist die Forderung nach Vaterschaftsurlaub.

Ist nichtssagender Durchschnitt heute karrierefördernd? Alles redet doch von Unternehmertum, Eigeninitiative, Ausbruch aus der Konvention. Man erwäge nur die steile Karriere des Wortes „disruptiv". Es mag ja sein, dass wir es mit einer Generation von Angepassten zu tun haben. Vor allem aber weisen viele unternehmensinterne Strukturen in diese Richtung. Glaubt jemand, dass Assessmentcenter etwas anderes erzeugen als konsensuelle Unauffälligkeit? Dass die Wert- und Führungsstilpädagogik etwas anderes erzeugt als politisch korrekte Lauheit? Dass die aufgezwungenen Feedback-Runden Unternehmertypen generieren?

Konformität – das ist es, worauf diese Instrumente zielen. Bringt uns das beim Kunden weiter? Den beinharten Wettbewerb müssen wir am Markt gewinnen, nicht auf den Kinderspielplätzen der Organisation.

Ich möchte Ihnen zurufen: Biedern Sie sich nicht an! Spekulieren Sie nicht auf Lob! Ein gutes 360-Grad-Feedback ist ein Pyrrhussieg. Halten Sie sich an die Regel, aber nicht an die Konvention. Tun Sie nur das, wo Ihr Talent wie eine Sonne leuchtet. Lassen Sie von allem die Finger, was Sie nur zweitklassig können. Provoziere – und serviere. Das geht auch in Ihrer Firma!

Respektiert die Unterschiede!

Ein guter Führungsstil ist einer, der eigentlich keiner ist – stattdessen ehrt er die Individualität der Mitarbeiter.

„Führe so, wie du selbst geführt werden willst!" Dieser Imperativ, in Anlehnung an Immanuel Kant, ist sehr verbreitet. Als normatives Zentrum für das Konstrukt Führungsstil klingt er zunächst plausibel und alltagstauglich. Schaut man genauer hin, ist er sowohl pragmatisch als auch moralisch fragwürdig. Er unterstellt Mitarbeiter als homogene Masse, als Belegschaft, als Personal. Diesem Kollektiv-Singular steht ein Chef mit seiner Art des Führens undifferenziert gegenüber. Vorausgesetzt wird also ein vereinheitlichter Mitarbeiter, der überdies die Werte seines Chefs teilt. Der kann dann von sich auf andere schließen nach dem Motto: „Ich habe einen Schlüssel, der auf alle Schlösser passt: Ich bin es selbst."

„One size fits all" funktioniert für Baseballkappen. Aber auch für Menschen? Wo bleibt der Respekt vor dem Besonderen? Dem Individuellen? Wie war das mit den Bemühungen um Diversity? Ist sie nur dann gut, wenn sie sich an den Standard hält? Nimmt man für einen Moment den Chef als Produzent von Führung und die Mitarbeiter als Kunden – woran hat er sich sinnvollerweise zu orientieren? Am Bedürfnis der Kunden, an der Nachfrage der Mitarbeiter. Und diese dürften sehr unterschiedlich sein, etwa so wie externe Kunden.

Wenn man also anerkennt, dass der Angestellte ein Individuum ist, dann kann ein Führender nicht einen einzigen Führungsstil exekutieren. Er muss ihn mit Blick auf die Erfordernisse des Geführten wählen und sich dessen Besonderheiten anpassen. Sicher, das wird nur eingeschränkt möglich sein; der Chef ist kein Chamäleon. Aber das, was man mit Blick auf den Kunden als „customer driven" bezeichnet, warum sollte das mit Blick auf den Mitarbeiter falsch sein? Auch den muss man doch permanent für die Zusammenarbeit gewinnen.

Wenn Führung heißt, die Leistung anderer zu fördern, dann bedingt das ein Verhalten, das zu dem Mitarbeiter passt. Damit ist Führung weniger mit den

Werten und Neigungen des Chefs verbunden, sondern mit dem Erfordernis des konkreten Angestellten in einer bestimmten Situation. Achtsamkeit ist gefordert, Hinschauen, Hinhören, Interesse am Anderssein des anderen.

Erfolgreiche Führung beachtet die Besonderheit des Mitarbeiters. Nur wenn sie individuelle Bedürfnisse respektiert, kann sie ihn erreichen und dessen Leistung fördern. Denn der Mitarbeiter ist dann gut, wenn er möglichst er selbst sein darf. Wenn also nicht sofort der Großkonsens der Gleichmacher zuschlägt, dann wird man den Menschen sowohl moralisch als auch betriebswirtschaftlich gerecht, indem man ihre Unterschiedlichkeit wahrnimmt und für das Unternehmen gewinnbringend einsetzt. Dann darf man nicht nur Menschen für Jobs suchen, sondern muss auch Jobs für Menschen flexibilisieren.

Wir brauchen den Schutz des Individuellen, um die Quellen der Ideen fließen zu lassen und Kraft aus ihnen zu schöpfen. Es ist daher hilfreich, sich von der Idee des Führungsstils zu lösen. Denn dahinter steckt ein unintelligenter Konformismus, der weder mit Ökonomie noch mit Ethik vereinbar ist.

Denken Sie an den Kunden!

Viele Unternehmen kreisen nur noch um sich selbst. Höchste Zeit, sich auf das Wichtigste zu konzentrieren.

Radikale Kundenorientierung gilt seit Jahren als Erfolgsfaktor der Zukunft. Immer soll etwas dafür getan werden, beharrlich startet man Total-Customer-Care-Aktionen und Lächeloffensiven – ohne dass sich Wesentliches ändern würde. Zugrunde liegt eine psycho-organisatorische Fehlhaltung: Im Management kommt immer irgendetwas hinzu.

Klüger wäre es, zu fragen, was die Kundenorientierung behindert. Warum ist sie verschwunden? Sie war ja einst da, sonst hätte das Unternehmen kaum überlebt. Das wirft grundsätzliche Fragen auf: Ist das Unternehmen für die Kunden da – oder umgekehrt? Die Frage nach Mittel und Zweck. Wir leben in einer Zeit, deren Zwecke in Gefahr sind, an den Mitteln zugrunde zu gehen. Das gilt auch für Unternehmen.

Am Anfang lösen sie die Probleme der Kunden, später sollen die Kunden deren Probleme lösen. Das Unternehmen kreist um sich selbst: Wenn dessen gesamte Kommunikation darauf hinausläuft, Zahlen, Fakten und Daten zu aggregieren und zu präsentieren, dann wird die Steigerung des Unternehmenswertes zur dominierenden Sinnquelle. Dann geht es nicht mehr vorrangig darum, mit den Produkten und Dienstleistungen die Lebensqualität der Kunden zu erhöhen. Kunden sind vielmehr Mittel zu dem Zweck, die Lebensqualität des Managements zu erhöhen.

Da mag man noch so oft betonen, ohne Kunden lasse sich der Unternehmenswert nicht steigern. Das ist betriebswirtschaftlich verkürzt und für jeden unglaubwürdig, der ein paar Jahre in Unternehmen gearbeitet hat. Alleine schon die Praxis, Mitarbeitern Umsatzziele vorzugeben, dementiert die Kundenorientierung. Ein Unternehmen darf aber weder an Produkten festhalten noch an Produktionsverfahren, weder an Personal noch an Kapital noch an Organisation. Sondern allein an der gewinnorientierten Befriedigung von Kundenbedürfnissen – und muss alles lassen, was dies behindert.

Wie bedroht dieser Grundsatz ist, lässt sich leicht erkennen. Etwa daran, dass viele Unternehmen sich in hochprofitablem Siechtum eingerichtet haben: Gewinn steigt, Umsatz sinkt. Schließt man andere Einflüsse aus, dann heißt das: Immer mehr Kunden wenden sich vom Unternehmen ab. Dann geht es nicht mehr ums wirtschaftliche Überleben, sondern um Gewinnmaximierung.

Wenn also jemand verkündet, die Rendite sei der Zweck des Unternehmens, dann wird alles andere zum Mittel, und damit ist dann auch jedes Mittel recht. Dabei ist der Profit lediglich die Bedingung zum Weitermachen – nicht ein Ziel an sich. Und wenn man sehr viel Gewinn erzielt, dann gerät das Unternehmen in die Nähe des Selbstzwecks. Kunden und Produkte sind dann nur Mittel zu diesem Zweck. Kostendisziplin ist Daueraufgabe des Managements, das ist klar. Auch der Gewinn selbst ist nicht das Problem, wenn er reinvestiert wird. Dann wird der Gewinn zum Mittel, zur Voraussetzung für das Weitermachen.

Hoher, abgeschöpfter Gewinn aber bedeutet: zu wenig in die Zukunft investiert, in die Mitarbeiter, in die Kunden. Dann müssen wir wieder über Kundenorientierung reden.

Das Problem der Institutionen

Viele Unternehmensskandale zeigen: Der Staat hat in der Wirtschaft nichts zu suchen.

Was die deutschen Wirtschaftsskandale der letzten Zeit gemeinsam haben? Die Staatsnähe. Die einen Unternehmen haben eine implizite Staatsgarantie (Siemens, Deutsche Bank), die anderen eine explizite (Volkswagen). Bei kleinen Grenzbetrieben kommt der Insolvenzverwalter, bei großen die Kanzlerin. Und dieses Wissen prägt das Handeln: Was soll schon passieren? Es stehen Tausende von Arbeitsplätzen auf dem Spiel, auch die Marke „Made in Germany". Wie sonst ist es möglich, dass man etwa 2007 damit begann, die Manipulationssoftware in Dieselmotoren einzubauen – genau zu dem Zeitpunkt, als die Lustreisen von VW-Betriebsräten ihren gerichtlichen Höhepunkt fanden?

Das macht man nur, wenn man nichts zu befürchten hat. Und schon damals hielt sich die Braunschweiger Staatsanwaltschaft auffallend zurück. Wenn Wirtschaft und Staat nicht Abstand halten, können beide nicht optimal funktionieren. Man kann auch sagen: Sie korrumpieren einander. Die Wirtschaft kann nicht effizient arbeiten. Sie geht übermäßige Risiken ein, wie im Falle der Banken. Oder sie kann – unter der Knute des VW-Gesetzes – keine Produktionsstandorte verlagern. Und der Staat kann seine Rolle als Regelsetzer und -kontrolleur nicht spielen. Wenn er ein Eigeninteresse hat, dann gibt es keinen Rechtsstaat mehr.

Es ist eine legale Grenzüberschreitung, eine systemische Korruption, in der Individuen keine große Rolle spielen. Das hindert die Beteiligten nicht, mit ausgestrecktem Finger auf den Einzelnen zu zeigen. Es ist immer das Fehlverhalten einiger weniger, von dem man nicht auf das gesamte Unternehmen schließen könne. Man lädt die Widersprüche einfach beim Mitarbeiter ab, um den institutionellen Rahmen nicht antasten zu müssen.

Menschen sollen sich ändern, aber die Bedingungen, unter denen sie arbeiten, bleiben unverändert. Was folgt, sind Reinigungsrituale. Einige Techniker müssen gehen, dazu einige Manager. Man inszeniert Ethik-Seminare und fügt weitere Kontrollstrukturen hinzu. Karrierechancen hat man ja heute vor allem in der Compliance-Abteilung.

Ändert das etwas? Organisationspsychologen wissen, dass viele Erwachsene sich infantilisieren, wenn sie ein Unternehmen betreten. Institutionen laden dazu ein, Eigenverantwortung beim Pförtner abzugeben. Die Bank verdirbt die Banker: Kreuzbrave Bürger fangen an zu betrügen, wenn sie sich von einer Bank anstellen lassen – der Gordon-Gekko-Effekt, benannt nach der Hauptfigur des Films „Wall Street". Wir wissen durch das Zimbardo-Experiment, dass Studenten zu Sadisten und Feiglingen mutieren, wenn man sie in einem experimentellen Gefängnis als Wärter oder Gefangene einteilt.

Deshalb ist nicht individuelle Einsicht und Reue zu fordern, sondern kluge Ordnungspolitik. Der Staat hat in der Wirtschaft nichts zu suchen. Er muss wieder eine klare Grenze ziehen und die unheilvolle Systemverschränkung auflösen. Natürlich ist der Einzelne immer noch in der Verantwortung, etwas zu tun oder zu lassen. Aber es ist naiv, ein Unternehmen auf individuelle Moralathletik zu bauen.

Gutes tun und Schlechtes lassen

Unternehmen wollen sich mit guten Taten profilieren. Dabei vergessen sie: Ebenso wichtig ist der Verzicht.

Es ist wahrlich beeindruckend. Was tun Unternehmen – gerade in diesen Zeiten – nicht alles Gutes. Unter dem Stichwort Corporate Social Responsibility (CSR) vermarkten sie dem geneigten Publikum grundsätzlich Positives: Werte wie Menschenrechte oder Geschlechtergleichstellung, Aktionen wie Spenden, Sponsoring für Kulturveranstaltungen und Fahrradtouren für benachteiligte Kinder.

Was die einen gut finden, kritisieren die anderen als Wohltätigkeits-Schaulaufen. Die Organisationslehre kennt die umgekehrte Kopplung: Je lauter die Bekenntnisse, desto unwahrscheinlicher ihre Realisierung. Aus moralphilosophischer Perspektive muss man gestehen, dass es die Schwäche anderer ausbeutet und – das ist die Paradoxie des Helfens – mitunter hinauszieht. Nüchtern betrachtet aber müssen Unternehmen ihre Oberfläche polieren, um darunter ruhig und beruhigt entscheiden zu können.

Insofern dient CSR dem Unternehmenszweck: Güter und Dienstleistungen herzustellen und zu verkaufen. Will man CSR aber nicht nur als Legitimitätsfassade nachsichtig belächeln, dann müssen Unternehmen die dafür notwendige Wertschöpfung verantwortlich organisieren. Sie müssen also anständig umgehen mit Mitarbeitern, Zulieferern, Kunden und anderen Akteuren. Gerade auch mit den besonders verletzlichen unter ihnen – und das sind nicht selten die Zulieferer.

Das erreicht man aber nicht nur, indem man etwas tut – sondern indem man etwas auch mal nicht tut; etwas ausdrücklich ausschließt; nicht auf das vollumfänglich Gute zielt, sondern auf das wenige Schlechte. Wenn man ablehnt, gar abschafft, muss man Fehler unterlassen: keine Preise absprechen, nicht die Umwelt belasten, keine Steuern vermeiden, Kunden nicht täuschen, Mitarbeiter nicht ausbeuten, Zulieferer nicht demütigen. Es geht also nicht um demonstratives Gutmenschentum, sondern um ehrlichen Verzicht.

Nicht Gutes tun, sondern Schlechtes vermeiden. Das ist konsequent, konkret und einklagbar. Und das sollte man auch öffentlich kommunizieren. Wenn man sich ausdrücklich dazu bekennt, auf etwas zu verzichten – auch wenn es zumindest kurzfristig Geld kostet.

Denn es geht ja meist um ebenso kurzfristige Profitsteigerung. Langfristig kann man sich über den moralischen Konsum im Wettbewerb differenzieren. Und auch auf den Personalmärkten ist ein entsprechendes Image langfristig kaum zu überschätzen: Niemand arbeitet gerne für ein Unternehmen, dessen man sich schämt. Oder war das alles nicht so gemeint? Bezeichnenderweise gibt es ja keine philosophische Theorie des Bösen. Alle sind ganz vernarrt darin, das Gute zu beschreiben. Weil es zu konkret ist, das Böse zu unterlassen? Zu einklagbar?

Da ist sie wieder: die weichspülende Reparaturintelligenz, die nichts riskiert, keine klare Kante zeigt, die im Grunde alles beim Alten lassen will. Nimmt man aber CSR ernst, dann gilt der Spruch von Wilhelm Busch: „Das Gute – dieser Satz steht fest – ist stets das Böse, das man lässt."

Kultur der Bevormundung

Politiker wollen Gleichheit zementieren. Doch wer zukunftsfähig sein will, muss auf Konformität verzichten.

Anschwellende Wertegesänge, moralisierende Selbstbeschreibungen – und Geschäftsberichte, in denen es nur so wimmelt von Nachhaltigkeit und Verantwortung. Das alles in geschlechtsblinden Formulierungen: Zu allem Möglichen und Unmöglichen muss man sich heute erklären. Auch über die Zusammensetzung der Leitungsgremien soll man das ab 2017 tun, so will es die EU-Politik: Alter, Geschlecht, Bildung, Berufshintergrund, alles, was Menschen unterschiedlich macht.

Diversity heißt das Schlagwort. Wer nicht mitmacht, muss sich rechtfertigen. Das reiht sich ein in die Bevormundungskultur, die im Namen von Moral, Vorsorge und Sicherheit das Unternehmen zum Umerziehungslager macht.

Es ist schon grotesk: Man will mit Gleichheitsdenken der Gleichheit den Garaus machen. Bezogen auf Diversity soll man konform sein. Wer sich nicht beugt, der wird beschämt. Sehen die Diversity-Eiferer nicht, dass sie hier ihren eigenen Zentralwert dementieren? Dass sie stigmatisieren, aussondern, den Unterschied unterdrücken? Wo bleibt der Respekt vor dem Nicht-Mitmachen? Dem Individuellen? Ist Diversity nur dann gut, wenn sie sich an den Standard hält? Oft sind ja gerade die Befürworter größerer Diversität genau jene, die zum Beispiel für Gehälter das Gegenteil fordern – nämlich größere Gleichheit. Es gibt gute und schlechte Gleichheit? Also ungleiche Gleichheit?

Die logische Schieflage setzt sich in den Unternehmen fort. Es ist immer wieder faszinierend, wie Konzerne, die Diversität fordern, gleichzeitig den gemeinsamen Werten das Wort reden, dem richtigen Führungsstil, der möglichst homogenen Unternehmenskultur. Man plakatiert den Respekt vor Unterschieden, will aber jedes krumme Holz gerade biegen. Und erkennt nicht einmal das Konsistenzproblem. Aber selbst wenn man Inkonsistenz in Kauf nimmt: Welche Geisteshaltung artikuliert sich, wenn man – innerhalb des zivilisatorisch Zulässigen – Unterschiede pathologisieren und wegtherapieren will?

Das ist doch die Gestaltungsaufgabe: Das Spektrum akzeptabler Verhaltensweisen wird von der Organisation teilweise extrem eingeengt. Da gibt es Kompetenzmodelle, Bewertungssysteme, Potenzialanalysen. Diese Systeme basieren auf einem bestimmten Idealmodell des Mitarbeiters. Das ist Engführung, Kanalisierung, Normierung. Bis zu einem gewissen Grad ist das effizient.

Wenn Sie aber die Individualität Ihrer Mitarbeiter kapitalisieren und Ihr Unternehmen zukunftsfähig machen wollen, dann müssen Sie den Unterschied ehren und auf ein Übermaß an Konformität verzichten. Sie müssen verhindern, dass Sie allzu ordentlich werden. Dann legen Sie keine Karrierepfade fest, dann verzichten Sie auf Leistungsbewertungen (zumindest auf quantitative), dann streben Sie nicht nach Vorhersehbarkeit. Dann verzichten Sie auf die „mechanische Solidarität", wie es der französische Soziologe Émile Durkheim gesagt hat, sondern nutzen mit der „organischen Solidarität" die Produktivität der Unterschiede.

Wie man diese Diversität verwirklicht, sollte man nicht ihre Anhänger fragen.

Das Dilemma der Organisation

Ohne Regeln können Unternehmen nicht funktionieren – doch ganz ohne Ausnahmen geht es auch nicht.

Beginnen wir mit einem Gedankenexperiment: Wie vielen Leuten sind Sie heute als Mensch begegnet – und wie vielen als Mitglied einer Organisation? Das Experiment stammt vom Ökonomieprofessor Guy Kirsch. Er ging davon aus, dass wir als Repräsentant von Organisationen überwiegend anderen Repräsentanten von Organisationen begegnen – und uns entsprechend verhalten.

Organisationen sind ebenso unersetzbar wie ungeliebt. Unersetzbar, weil ohne sie kein Fußballspiel stattfindet, kein Flugzeug abhebt und kein Unternehmen eine identifizierbare Form hat. Ungeliebt, weil sie schwerfällig, stur und wuchernd sind. Für das Wuchern gibt es mehrere Gründe.

Die Basishandlung der Organisation ist die Entscheidung. Aus dem „So-oder-so" wird ein „Nur-so". Regeln vernichten Alternativen. Dadurch sollen Menschen im Hinblick auf ein Ziel arbeitsteilig kooperieren. Oder anders formuliert: Die Zusammenarbeit soll verbessert werden, indem individuelle Handlungsmöglichkeiten verkleinert werden. Deshalb gibt es Organigramme und Stellenbeschreibungen, Zielvereinbarungen und Vorschriften. Diese Regeln werden aber selten der Komplexität der Wirklichkeit gerecht. Sie sind unvollkommen. Grund genug, neue Regeln zu erschaffen.

Doch irgendwann wird deren Verwaltung zu aufwendig. Man muss neue Sachbearbeiter einstellen. Die aber wollen ihrerseits ihre Existenzberechtigung nachweisen – gerne mit neuen Regeln. Sie schaffen damit weitere interne Märkte, die eine angebotsinduzierte Nachfrage erzeugen. Die Folge: immer mehr Bürokratie, Vorschriften, Kontrollen, Formulare und Besprechungen.

Das ist das Dilemma vieler Organisationen: Läuft etwas schief, stellen sie sich nicht selbst infrage. Im Gegenteil. Je weniger etwas funktioniert, desto mehr wuchern sie. Die individuellen Spielräume werden dadurch enger. Die

Mitarbeiter haben weniger Zeit für das, was den Wert des Unternehmens ausmacht: die Beziehung zum Kunden. Das Verwaltende erstickt das Wertschaffende.

Dadurch wird die Organisation zunehmend zum Selbstzweck. Es geht nicht mehr vorrangig darum, die Lebensqualität anderer Menschen zu verbessern, sondern zu wachsen und interne Stabilitätskriterien zu erfüllen. Wer fragt: „Was soll das?", wird schnell isoliert. Im Zweifel hört man jenen zu, die am Funktionieren der Organisation interessiert sind – und nicht am Marktgeschehen.

Wer sich nun aber regelgerecht verhält, der macht immer wieder die Erfahrung, dass das nicht automatisch menschengerecht ist; dass man wenig Freiraum hat, um dem Einzelfall gerecht zu werden, um angemessen und verhältnismäßig zu handeln. Man kommt also um Regelverstöße kaum herum, will man sowohl betriebswirtschaftlich flexibel als auch menschlich anständig sein. Man muss die Regeln daher weit auslegen und intelligent interpretieren – nur dann wird das Zusammenleben erträglich. Das bedeutet Inkonsequenz, Ausnahme. Bloß darf diese Ausnahme nicht zur Regel werden.

Wie Kulturwandel gelingt

Lässt sich Unternehmenskultur wirklich verändern? Klar ist: Ethik-Seminare alleine reichen nicht.

Manche Unternehmen haben mehr Kultur als normale Menschen in ihrem Kulturbeutel. Sie haben Teamkultur, Leistungskultur, Fehler- und Führungskultur. Alles zusammen ergibt dann die Unternehmenskultur, und die gilt als veränderbar. Dann spricht man vom Kulturwandel, aktuell etwa bei Banken. Was ist davon zu halten?

Das hängt zunächst davon ab, ob Kulturwandel wirklich gewollt ist. Bei Unternehmen mit Staatsgarantie, wie zum Beispiel große Banken, aber auch Volkswagen oder Siemens, ist es nicht notwendig, Fundamentales zu ändern. Im Falle mancher Banken sind die fehlenden Systemgrenzen besonders eklatant: Wenn Finanz- und Politiksystem symbiotisch verschmolzen sind, werden Schaufenster dekoriert.

Dann stellt sich die Frage, was man unter Kultur versteht. Wenn damit die Selbstverständlichkeiten gemeint sind, die sich teils über Jahrzehnte entwickelt haben, dann braucht es auch Jahrzehnte, sie zu ändern. Ob sich Unternehmenskultur überhaupt willentlich beeinflussen lässt, ist dann noch nicht geklärt.

Aber selbst bei langem Atem: Kann Kulturwandel grundsätzlich gelingen? Nicht, wenn man die Manager auf Ethik-Seminare schickt. Das ist die prototypische Individualisierung struktureller Schieflagen: Der Einzelne soll sich ändern, aber der institutionelle Rahmen bleibt derselbe. Das ist an Zynismus kaum zu überbieten. Der Einzelne wird entweder zum Helden oder zum Märtyrer. Wer also wirklich einen Kulturwandel anschieben will, der muss die Institutionen ändern – zum Beispiel das Zielsystem, das Bezahlungssystem oder die Beförderungskriterien.

Mehr noch: Bei Differenzen zwischen Soll und Ist neigt der Manager zum Hinzufügen: irgendeine Richtlinie, ein Kontrollsystem, eine Schulungsmaßnahme. Nie sagt mal jemand: „Das machen wir jetzt nicht mehr. Das schaffen wir ab." Genau das aber wäre meist das Richtige: eine Didaktik des Nicht-Tuns und des Nicht-mehr-Tuns. Warum nicht? Weil es konsequent wäre. Viel zu konsequent.

Und das Lassen muss man noch in anderer Richtung wörtlich nehmen. Kulturwandel ist nämlich mit der alten Führungsriege unwahrscheinlich. Solange die Repräsentanten der aktuellen Kultur in Rang und Würden sind, glaubt man in der Breite des Unternehmens nicht ernsthaft an den Wandel. Das ist nur scheinbar widersinnig: Wer eine neue Moral will, kommt um ein Blutbad nicht herum. Das aber ist in Unternehmen mit großem staatlichen Einfluss ausgeschlossen.

Dieser Einfluss ist es, der die einzig nüchterne Möglichkeit für einen schnellen Kulturwandel verhindert: moralischer Konsum. Wenn die Kunden massenhaft ihre Konten bei einer Bank kündigten, wäre der Kulturwandel da. Sofort. Aber dazu bräuchte man mündige Kunden. Menschen, die handeln, nicht nur die Nase rümpfen. Und man bräuchte Marktbedingungen. Beides gibt es nicht, wenn der Staat seine Hand im Spiel hat. Kulturwandel ist unter diesen Bedingungen eine Ablenkungsinszenierung für ein kuhäugiges Publikum.

Egal, ob Legende: Wende oder Ende!

Erfolge lassen sich nicht verstetigen. Deswegen kommt es darauf an, den richtigen Zeitpunkt für den Abgang zu finden.

Fußball und Wirtschaft – die anschaulichen Vergleiche drängen sich auf. In beiden Lebensbereichen sehen wir etwa: das kurze Gedächtnis der applaudierenden Menge, die Vergänglichkeit des Ruhms. Und nun Jürgen Klopp – ist sein freiwilliger Rücktritt auch ein Anschauungsstück? Das Beispiel zeigt: Erfolge lassen sich nicht verstetigen. Irgendwann hat das Geschäftsmodell ausgedient.

Die normale Reaktion: verstärkte Anstrengung in dieselbe Richtung. Mehr vom selben. Denn Erfolg macht lernbehindert. Und deshalb ist nichts so gefährlich für den Erfolg von morgen wie der Erfolg von gestern. Messen wir nun Jürgen Klopp an seinen Erfolgen, dann sind da zwei Meisterschaften, ein Cup-Sieg, der Einzug ins Finale der Champions League 2013. Nebenbei hat sich der Aktienkurs in seiner Amtszeit etwa verdreifacht. Aber zuletzt hatte es merklich gehakt. Deshalb ist er nicht gescheitert, aber die Wege trennen sich.

Betrachtet man den Kontext, in dem Führung stattfindet, dann wird klar: Niemand ist immer und unter allen Umständen eine gute Führungskraft. Eine Führungskraft mag auf einem Aufbaumarkt brillieren; auf einem Abschöpfungsmarkt ist sie fehlbesetzt. Sie mag in einer streng hierarchischen Unternehmenskultur genau richtig sein, in einer Projektorganisation ist sie ein Fremdkörper.

Und Kloppo? Seine Stärken: eher Aufbau als Abschöpfung, eher junge Spieler als alte, eher Wille als Taktik. Alles Stärken, um erfolgreich zu werden, nicht um erfolgreich zu bleiben.

Irgendwann nutzt sich jede Führungskraft ab. Und dann die schwierigste aller Entscheidungen: den richtigen Zeitpunkt zum Rücktritt. War Klopps Position unhaltbar? Formal nicht, die Treueschwüre der Leitungsinstanzen waren ungebrochen. Inhaltlich schon, weil genau diese Schwüre zur Belastung wurden: Klopp war größer als Mannschaft und Club. Er verfügte damit gleichsam über eine Sperrminorität. Anders als Piëch bei VW oder Matthias Sammer bei den Bayern sorgte beim BVB niemand mehr für Kritik. Es ehrt ihn, dass er sich entschied, einen hoch dotierten Vertrag nicht auszusitzen. Aus der Wirtschaft kenne ich es mehrheitlich anders.

Aber muss eine Führungskraft immer warten, bis sie „gegangen wird"? Man weiß doch, dass die Resultate nicht in Ordnung sind; man spürt doch, wenn die Mitarbeiter nicht mehr hinter einem stehen. Immer wieder ist zu beobachten, wie Top-Manager sich echsenhaft an ihre Position klammern.

Die allermeisten Führungskräfte verlieren ihren Job unter würdelosen Umständen. Wenn doch je begriffen würde: Beziehungen enden nie – sie ändern nur ihre Form. Ob man sich ihrer gern erinnert oder sie gar wieder erneuert, hängt davon ab, wie man auseinanderging. Gemeint ist hier die Ethik des vorletzten Tages. Gehen, wenn es noch bedauert wird. Abtreten, wenn man die Dinge noch in der Hand hat. Lieber verglühen als verglimmen.

Mal den Stecker ziehen

Wie Manager aus der Rolle des Techniksklaven zu Reflexion und Selbstbestimmung zurückkehren.

Im Flieger nach Chicago. In der Reihe neben mir, auf der anderen Gangseite, der Vorstandsvorsitzende eines deutschen Pharmakonzerns. Und er las. Ein Buch! Ein ziemlich dickes sogar. Keine Zeitschrift, keine Akten, kein Laptop-Geklacker.

Anhaltende Konzentration und ruhige Aufmerksamkeit – bei vielen Managern hat man den Eindruck, dass diese Fähigkeiten zur Vergangenheit gehören. Wenn der kanadische Management-Forscher Henry Mintzberg einst beobachtete, dass Führungskräfte alle 20 Minuten bei ihrer Arbeit unterbrochen werden – oder sich unterbrechen lassen –, so hat sich diese Zeit heute wohl halbiert.

Das führt zu permanenter Ablenkung, ungestörtes Arbeiten wird zur Archivalie. Das Dauerpiepen eingehender E-Mails, die ständige Erreichbarkeit durch Smartphones – manche Unternehmen haben schon zu Entmündigungsvorschriften gegriffen, die sie als Fürsorge tarnen.

Nicht ganz grundlos: Das rhythmische Auf und Ab des Lebens ist dem ewig angespannten, ja überspannten Gleichmaß gewichen. Alle rotieren in ihren Hamsterrädern, arbeiten ohne Unterlass, hetzen von Termin zu Termin. Alles ist nur noch dringlich, kaum mehr etwas wichtig. Oder ist beides zugleich.

Und das Freiheits-Paradoxon wuchert. Je mehr technische Möglichkeiten wir zur Verfügung haben, desto mehr leiden wir unter dem Druck, sie zu nutzen. Wenn es eines gibt, das alle Manager verbindet, dann ist es der Zeitmangel. Zeit, die ihnen von einem immer zudringlicheren technokratischen Apparat gestohlen wird, einer Mischung aus E-Mail, Smartphone und Bürokratie. Und es wird immer schlimmer – wenn man nichts dagegen unternimmt.

Selbstdisziplinierung ist zur Notwendigkeit geworden, da ist im Wortsinne eine Not zu wenden – und sie wird täglich drängender. In bisher nie gekannter Weise sind wir herausgefordert, uns selbst in den Griff zu nehmen, Grenzen zu setzen, uns der Herrschaft des technisch Invasiven zu entziehen. Und sich selbst zu gehorchen, nicht den Anpassungszwängen.

Ein Manager, der nicht mehr die Kraft hat, sich der Alltagshypnose zu entziehen, hat sich als Führungskraft verabschiedet. Ganz zu schweigen von der Entwicklung von Möglichkeitsbewusstsein, von Zukunftsfähigkeit. Er hat schlicht keinen Überblick mehr.

Man braucht kontinuierliche, nicht unterbrochene Zeit, um sich in Analysen zu vertiefen, den Dingen auf den Grund zu gehen. Dazu ist es hilfreich, schöpferische Pausen einzuziehen. In Zeiten alltagshektischer Pausenlosigkeit und Machbarkeitsfantasien, der Zeitverdichtung und des Sofortismus gilt es, Tempo rauszunehmen, wo es höhere Produktivität verspricht.

Verzögerungen sind nützlich, um das Wichtige vom Unwichtigen zu trennen. Räder anhalten, einen Moment zur Ruhe kommen, sich fragen, ob wir nicht überflüssige Runden drehen, ob einige Räder unrund laufen und mal nachjustiert werden müssten.

Sich mit seinem Team zurückziehen und „von oben" auf die Zusammenarbeit schauen. Das ist keine Zeitverschwendung, sondern arbeitet ihrem Gegenteil in dialektischer Wechselwirkung zu. So wie die Verzögerung die Beschleunigung erlebbar macht, das Nichts-Tun das Tun, und die Zurückhaltung die Begeisterung.

Für dieses Programm der Selbstdisziplinierung steht die antike Figur des Odysseus, der auf seinen Irrfahrten von Troja nach Ithaka unentrinnbar an der Insel der Sirenen vorbeisegeln muss. Er weiß um ihren betörenden Gesang, der für alle Seeleute, die ihm folgen, den Tod bedeutet. Dieser Unausweichlichkeit des Schicksals tritt Odysseus entgegen. Keineswegs, indem er seine Ohren verschließt – sondern, indem er dem verführerischen Gesang zuhört. Aber sich zuvor an den Mast binden lässt. Er will nicht von seinen Wünschen fortgeschwemmt werden. Er zeigt seine Stärke gegen die mythischen Mächte dadurch, dass er sich schwächt, freiwillig verkleinert und damit die Macht der mythischen Kräfte bricht. Seine Freiheit besteht darin, sich selbst zu disziplinieren.

Man muss nicht als Eremit in die Wüste gehen, um sich dem unendlichen Informationshagel und der Schwatzhaftigkeit zu entziehen. Es reicht, Zeit zu reservieren, Geräte auszuschalten, Stecker zu ziehen, Rhythmen festzulegen und einzuhalten. Oder sich ins Flugzeug zu setzen, dort die hoffentlich noch lange während mediale Unerreichbarkeit zu genießen und – ein Buch zu lesen.

Aufbruch mit Tolstoi

Welche Fehler Unternehmen vermeiden sollten. Und wie sie der Logik des Scheiterns entkommen.

Beurteilt man bedeutende Werke der Weltliteratur nach ihren ersten Sätzen, „Anna Karenina" von Lew Tolstoi käme sicher glänzend weg: „Alle glücklichen Familien sind einander ähnlich, jede unglückliche Familie ist unglücklich auf ihre Weise", schreibt Tolstoi. Und liefert damit nicht nur Literatur par excellence, sondern indirekt auch wertvolle Hinweise auf ökonomische Zusammenhänge. „Alle unglücklichen Unternehmen gleichen einander, alle glücklichen Unternehmen sind auf ihre eigene Weise glücklich": Stellt man Tolstois Worte auf diese Weise gewissermaßen vom Kopf auf die Füße, wird auch fürs Wirtschaftsleben ein Schuh daraus.

Soll heißen: Leben und Tod folgen unterschiedlichen Mustern. Vereinfacht ausgedrückt: Erfolg hat viele Faktoren, die man kaum alle kennen und beeinflussen kann. Es gibt keine Erfolgsrezepte, die immer und überall funktionieren und Unternehmen zu glücklichen Unternehmen machen. Umgekehrt aber, das zeigt meine Erfahrung mit solchen Unternehmen, funktioniert es sehr wohl: Der Weg zum unglücklichen Unternehmen ist übertragbar – es gibt sie, die Logik des Scheiterns. Und für einen Misserfolg braucht es nur einen Faktor, der nicht stimmt. Das ist die schlechte Nachricht. Die gute: Es ist sinnvoll, diese Logik des Scheiterns zu kennen. Denn sie könnte Immunschutz gewähren. Oder einen wirklichen Neuanfang ermöglichen.

Warum also werden Unternehmen zu unglücklichen Unternehmen, woran scheitern sie? Und wie können sie diesen Denkfallen entkommen?

1. Aus alten Erfolgen neue ableiten

Früher oder später werden nahezu alle Unternehmen Opfer ihrer Erfolge. Einst war das Unternehmen das Mittel zu dem Zweck, die Probleme der Kunden zu lösen; sehr schnell wird der Kunde das Mittel zu dem Zweck, die Probleme der Unternehmen zu lösen. Denn wenn etwas erfolgreich getan wurde, entwickelt sich daraus schnell ein Programm, und dieses Programm heißt: „Erfahrung – Regelhaftigkeit – Weiter so!" Eine starke, erfolgsverwöhnte Tradition verführt zu dem Glauben, dass es so, wie es lange war, auch noch lange sein wird.

Je schneller aber sich die Umwelt ändert, desto schneller haben sich auch Erfolgsrezepte überlebt. Die Organisation, so wie sie heute ist, ist ja die Antwort auf Fragen der Vergangenheit. Geronnene Vorwelt, gewissermaßen. Und je länger die Erfolgsgeschichte, desto autistischer wird man.

Was ist zu tun? Wer aufbrechen will, verzichtet besser auf die „große Erzählung". Ehren Sie die Vorbilder, indem Sie sie hinter sich lassen. Aus der Geschichte kann man durchaus lernen – dass man aus ihr nichts lernen kann. Schauen Sie nicht zurück, blicken Sie vielmehr auf das vor Ihnen Liegende. Seien Sie wachsam, bleiben Sie nervös. Geben Sie sich nicht zufrieden. Nichts steht dem Verfall so nahe wie hohe Blüte.

2. Korrelation und Kausalität verwechseln

Wir neigen dazu, in Ursache-Wirkungs-Zusammenhängen zu denken. Wir beobachten ein Phänomen, zum Beispiel die Überlegenheit eines Mitbewerbers, und fragen sofort nach dem „Warum"? Und schnell findet sich dann auch eine plausible Erklärung – so wenn etwa Fußballexperten eine Torraumszene in Superzeitlupe analysieren und dann zu einem Ergebnis kommen, das für alle einsichtig ist. Weshalb diese Abwehraktion gelingen musste. Oder das Tor jenes Stürmers keinesfalls zu verhindern war.

Auch erfolgreiche Unternehmen sind eine Fundgrube für Kausalitäts-Unterstellungen: In der großen Erzählung heißt es dann gemeinhin, dass die ermittelten Muster Ursache der überragenden Leistung sind. Kein Mensch sagt: „Fortuna hat uns angelächelt." Die Verwechselung von Korrelation und Kausalität ist dabei geradezu das Geschäftsmodell der Beratungsindustrie. Und dieser Kurzschluss wird in der Regel begeistert aufgegriffen.

Wie ich das meine? Nehmen wir an, eine Studie kommt zu dem Ergebnis, Unternehmen mit mindestens einem weiblichen Aufsichtsrat sind erfolgreicher als Unternehmen mit rein männlicher Spitze. Sind die Unternehmen deshalb erfolgreich? Oder können sie – umgekehrt – sich wegen ihres Erfolges eine Frau im Aufsichtsrat leisten? Das will wohl niemand ernsthaft behaupten.

Was ist zu tun? Geben Sie dem Zufall eine Chance. Negieren Sie nicht die Kontingenz. Schließen Sie nicht das Glück aus. Klammern Sie sich nicht an scheinbar ewig gültige Erfolgsrezepte. Sondern halten Sie es mit dem Soziologen Theodor W. Adorno: „Nur der, der sich die Gegenwart anders vorstellen kann denn die existierende, verfügt über Zukunft." Nur das erzeugt Möglichkeitsbewusstsein, nur das öffnet den Blick.

3. Arbeiten in zu komplexen Strukturen

Zu Beginn der Unternehmensgeschichte läuft alles auf Zuruf, man kennt sich, die Wege sind kurz. Dann wächst das Unternehmen, man zieht zusätzliche Berichtsebenen ein, das Kontrollbedürfnis wächst, Monitoring-Systeme werden eingeführt, Instrumente und standardisierte Prozesse sollen beruhigen. Irgendwann kommt man sich vor wie der Jongleur mit den chinesischen Tellern. Die Abläufe werden dann nicht kompliziert, sondern komplex, das heißt, sie beeinflussen einander wechselseitig über Rückwirkungsschlaufen – die unbeabsichtigten Nebenwirkungen von Interventionen nehmen zu.

Vom Wirtschaftsprüfungsunternehmen KPMG jüngst nach den zentralen Herausforderungen unserer Zeit befragt, kommen 70 Prozent aller Führungskräfte auf die „steigende Komplexität" in der Wirtschaftswelt zu sprechen. 94 Prozent sind gar der Meinung, dass der Umgang mit Komplexität entscheidend für den Unternehmenserfolg sei. Die innere Verfasstheit der Organisationen aber spiegelt diese Erkenntnis nicht wider. Vielmehr kommt im Management immer etwas hinzu. Selten sagt jemand: „Das machen wir nicht mehr." Oder: „Das nehmen wir weg."

Was ist zu tun? Haben Sie Mut zur Lücke. Entrümpeln Sie. Trennen Sie sich von den bürokratischen Verholzungen, die sich im Laufe der Jahre aufgebaut haben. Laden Sie sich, Ihrem Unternehmen, Ihren Kollegen nicht ständig Neues auf, ohne an anderer Stelle für Entlastung und Vereinfachung zu sorgen. Das ist notwendig, wenn man unternehmerische Potenziale freisetzen will. Bauen Sie die hierarchische Vertikalspannung ab und setzen Sie das Unternehmen unter Horizontalspannung. Betrachten Sie es vom Kunden her. Fragen Sie: Was darf fehlen, ohne dass aus Kundensicht etwas fehlt?

4. Schlechte Nachrichten ignorieren

Wer sich im Erfolg sonnt, hat kein Interesse an unangenehmen Wahrheiten. Anders als noch in der Antike wird der Überbringer schlechter Nachrichten heute zwar nicht mehr geköpft, aber er gilt schnell als Teil des Problems. Kritiker, so sie denn überhaupt eingelassen werden, aktivieren das Immunsystem, werden in einen Kokon eingesponnen und langsam wieder abgestoßen. Die Folgen sind für das Unternehmen katastrophal: Loyalität wird wichtiger als Leistung. Konstruktive Nicht-Konformität kommt beruflichem Selbstmord gleich, es wird nicht mehr inhaltlich, sondern nur noch taktisch kommuniziert. Man fragt nicht mehr „Was müssen wir wissen?", sondern „Was will der Chef hören?" Massive Wirklichkeitsausblendungen sind die Folge von Überidentifikation. Die tiefe Vorliebe für Ja-Sager (bei gleichzeitiger Behauptung des Gegenteils) korrespondiert mit Unersetzlichkeitsfantasien sowie der Unfähigkeit, rechtzeitig starke Nachfolger aufzubauen.

Was ist zu tun? Unternehmer und Manager müssen streiten, nicht schmusen. Ein Unternehmen, das im echten Wettbewerb steht, ist nicht das Zusammenspiel gutwilliger Wächter der ökonomischen Wohlfahrt, sondern die nach festen Regeln organisierte Auseinandersetzung zwischen widerstreitenden Interessen. Wozu bräuchte man sonst mehr als einen Vorstand? Ein lernendes und insofern überlebensfähiges Unternehmen beruht nicht auf der Suche nach Übereinstimmung, sondern auf der Einübung des konstruktiven Umgangs mit der Nicht-Übereinstimmung. Einigkeit macht starr – also organisieren Sie sich Widerspruch. Holen Sie Leute, die in optimistischer und loyaler Absicht stören.

5. Reparieren statt kreieren

Sollte das Geschäftsmodell straucheln, antworten Unternehmen zumeist mit verstärkten Anstrengungen in der gleichen Richtung. Dieses modifizierte Mehr-vom-Selben nennt man gerne Innovation. Man verbessert bestehende Produkte, optimiert Prozesse, legt Wert auf kleine, aber stetige

Veränderungen. Das mag eine ganze Weile funktionieren – aber es ist und bleibt Reparaturintelligenz.

In disruptiven Zeiten jedoch muss man eine Alternative zur herrschenden Weltsicht formulieren. Riskantes Denken, das das Konventionelle, das Bewährte herausfordert. Nicht mehr das Optimieren von Prozessen steht dann im Vordergrund, nicht mehr Methoden wie Kaizen, Null-Fehler oder Six Sigma. Wir brauchen regulierungsfreie Zonen, rechtfertigungsverschonte Territorien, offene Versuchswelten.

Was ist zu tun? Organisation ist langfristig der Tod eines jeden Unternehmens. Man muss bereit sein, alles umzustoßen, sich selbst umstandslos infrage zu stellen. Tempo geht vor Perfektion, Kreativität vor Innovation. Gefragt sind Neuerfindung und Paradigmenwechsel. Denken Sie in großen Plattformen. Anstatt Prozesse zu verbessern, sollten Sie überlegen, ob Sie diese Prozesse überhaupt noch benötigen. Ob sie einen Mehrwert bieten. Oder ob sie nicht vielmehr schaden. Und wenn es wirklich eng wird, muss man alle Kräfte delegitimieren und zumindest teilweise entmachten, die am Status quo interessiert sind.

Es gibt keinen Aufbruch ohne Abbruch. Wer mit etwas anfangen will, muss mit etwas aufhören. Und wer mit etwas aufhören will, muss hören.

Blutleer und selbstgerecht

Warum wir den strapazierten Begriff der Wertschätzung neu interpretieren müssen.

Wie heißt die heilige Kuh der Mitarbeiterführung? Genau: Wertschätzung. In welche Führungsleitlinie man auch schaut, mit welchem Personalmanager, welchem Betriebsrat man auch spricht: Dieser Begriff fehlt nie. Mal wird der „wertschätzende Umgang" gefordert, mal gar eine „Kultur der Wertschätzung" oder die sprachspielerische „Wertschöpfung durch Wertschätzung".

Wer etwas prosaischer veranlagt ist, mag sich mitunter fragen: Verdankt sich die Konjunktur des Begriffs seiner mangelnden Kontur? Ist er ein gedankenloses Passepartout für allgemein Wünschbares? Oder fehlt es insgesamt an Wertschätzung, wie die aktuellen Verkaufszahlen der Chefbeschimpfungsbücher nahelegen? Es muss ja eine Gesellschaft der Nicht-Wertgeschätzten sein, die mit diesem Begriff kollektive Sehnsüchte sammelt. Aber, im Ernst, wollen wir wirklich alles ernst nehmen, nur um der Forderung nach Wertschätzung zu genügen? Und um welchen Wert handelt es sich eigentlich, der da im Unternehmen, unter Vorgesetzen und Mitarbeitern geschätzt werden soll?

Verstehen wir soziale Beziehungen in diesem Kontext als Leistungs-Partnerschaften, dann schätzen wir eine konkrete Person, wenn sie ihre Rolle oder Aufgabe gut ausführt. Wir schätzen den Verkäufer, wenn er gut Umsätze bringt; den Produktentwickler, wenn ihm ein marktfähiges Produkt gelingt. Geschätzt wird also Leistung, konkretes Handeln, Vernunftfähigkeit, Erfolg, das Verhältnis von Geben und Nehmen.

Und das ist auch die traditionelle Bedeutung der Wertschätzung: Sie kommt ursprünglich aus der Ökonomie und wandert erst im 18. Jahrhundert in die Moralphilosophie ein. Sie basiert auf einem Tausch: Wertschätzung gegen Leistung. Fällt die Leistung weg, fällt auch die Wertschätzung weg. Dann wird der Wert dessen, was da angeboten wird, gering geschätzt. Und genau das passiert ja auch im Unternehmen: Unser Wert wird permanent geschätzt, abgewogen, beurteilt.

Ist Wertschätzung aber der Preis in einem Tauschgeschäft, muss man um diesen Preis kämpfen. Wertschätzung ist eine Preis-Verleihung. Man kann sich praktisch eben nicht wertschätzend verhalten, ohne dass da ein Wert ist, der von Beobachtern auf Märkten unterschiedlich geschätzt wird. Ja, ohne Leistung gibt es keinen Wert; aber ohne Schätzung eben auch nicht. Das ist der Kern: Wertschätzung ist nicht einklagbar.

Vor diesem Hintergrund läuft die Forderung nach wertschätzendem Umgang darauf hinaus, auf die Bewertung des Leistungsbeitrags eines Mitarbeiters zu verzichten – sie gleichsam vorbehaltlos anzuerkennen. Aber kann Zusammenarbeit enttäuschungsfrei sein? Was ist gewonnen, wenn wir jemanden ausnahmslos so sehen, wie er selbst sich sieht?

Das bedeutet auch: Wenn ich mich nicht wertgeschätzt fühle, habe ich mindestens eine wertvolle Information – dass nämlich der Wert meiner Arbeit an dieser Stelle nicht geschätzt wird und meine Sozialchancen auf diesem Spielfeld eher gering sind. Mein selbst definierter Eigen-Wert ist dann höher als der Wert, den ein anderer mir zubilligt. Offenbar fürchtet der andere nicht, dass ich meine Leistungsbemühungen mangels Wertschätzung einstelle oder anderweitig anbiete – weil er ohnehin darauf verzichten kann.

Das heißt: In einer modernen, pluralistischen Gesellschaft, die von Subjektivität und Individualität, mithin vom Wertkonflikt geprägt ist, sollten wir die Wertschätzung nicht verstehen als mechanische Anerkennung dessen, was ist. Nicht als blutleere Selbstgerechtigkeit. Wir sollten Wertschätzung vielmehr verstehen als Beginn eines Gesprächs, als Auseinandersetzung um den richtigen Weg, das Verhandeln unterschiedlicher Erwartungen und unterschiedlicher Maßstäbe.

Denn das ist doch die entscheidende Frage: Passen wir zusammen? Oder passen wir nicht zusammen? Und diese ernsthafte Auseinandersetzung um die Möglichkeit einer gemeinsamen Zukunft darf nicht durch die imperative Forderung nach Wertschätzung zugekleistert werden.

Freiheit statt Moral-Blähung

Warum die Politik den Unternehmen wieder mehr ökonomischen Spiel-raum lassen muss. Und Manager den Eigensinn der Wirtschaft selbstbe-wusst verteidigen müssen.

Mindestlöhne, die die untere Lohngrenze nicht mehr dem Spiel von Ange-bot und Nachfrage unterwerfen, sondern dem Gesetzgeber; Frauenquoten, die Leistung und Erfahrung durch Geschlecht ersetzen; gedeckelte Mana-gergehälter und Überlegungen, die maximale Einkommensspreizung innerhalb eines Unternehmens gesetzlich festzulegen; Unternehmen als Schnüffelhunde der Steuerbehörden; eine Compliance-Bürokratie, die monströse Formen angenommen hat und Unternehmenswert vernichtet; Corporate Social Responsibility, Corporate Governance, eine Gründungs-welle für Wirtschaftsethik-Lehrstühle, die den geistigen Überbau staatlich finanzieren: Immer stärker wird die Tendenz, die Wirtschaft nicht nach ökonomischen, sondern politischen Vorstellungen zu gestalten. Überall droht der gehobene Zeigefinger, überall soll über der unsichtbaren Hand des Marktes die sichtbare Faust des Staates schweben.

Was ermutigt die Politik, so stark in die grundgesetzlich garantierte Unter-nehmensfreiheit einzugreifen? Es sind die Unternehmen selbst, die in vorauseilendem Gehorsam so tun, als sei eine Firma eine wohlfahrtsstaat-liche Veranstaltung. Blättert man durch die Geschäftsberichte, entsteht der Eindruck, es gehe den Unternehmen nicht mehr darum, kommerziell erfolgreich zu sein, sondern das Gemeinwohl zu fördern. Kein Unterneh-men, das nicht meint, irgendwelche Werte über das wirtschaftliche Über-leben stülpen zu müssen. Überall schwappt die Normativierungssemantik durch Führungs-Leitlinien, Mission-Statements, Visions und andere säku-larisierte Bibeln. Die Melodie dazu: „Wir sind alle kleine Sünderlein", Willy Millowitschs Karnevalsschlager aus den Sechzigerjahren.

Gerade Konzerne plakatieren großflächig ihre soziale Rolle und ihren Nut-zen für die Gesellschaft. Nicht wenige Manager erliegen der Verführung dieser Moral-Blähung. Sie reden mitunter, als hätten sie sich auf einen Kirchentag verirrt. Ein guter Manager muss danach nicht nur funktional klug betriebswirtschaften, nein, nachhaltig soll er das tun und ethisch einwandfrei. Marktwirtschaft ohne die Beifügung sozial scheint zum Schimpfwort mutiert, der sozial-ökologische Fußabdruck wichtiger als der Gewinn. Nicht mehr Qualität hat dann ihren Preis, sondern der Grad moralischer Unbedenklichkeit. Und als Person soll er ein Vorbild sein, menschlich und fachlich gleichermaßen. Schlicht das Überleben der Firma zu sichern und profitabel zu sein, gilt der Abzockerei als gefährlich nah. Gesellschaftlicher Wert, so scheint es, wird erst dann geschaffen, wenn Manager Geld verbrennen, das ihnen nicht gehört.

Doch je mehr Unternehmen sich als Bußgemeinschaften und Wohltäter darstellen, desto größer werden die Eingriffsansprüche der Politik. Das kennen wir noch vom Schulhof: Hast du kein Selbstvertrauen, wirst du verhauen. Schwäche lädt ein.

Vieles, was da neudeutsch unter Corporate Citizenship läuft, ist glücklicherweise unternehmerischer Alltag, der ein Umsteuern mit Blick auf soziale Belange gar nicht nötig macht. Unternehmen haben schon immer so gehandelt. Nur wird es nun als unternehmenskulturelle Sättigungsbeilage ausgewiesen. Was dabei ausgeblendet wird? Dass Unternehmen Veranstaltungen zur Erzeugung und zum Vertrieb von Gütern und Dienstleistungen sind. Dabei gilt zwingend das ökonomische Prinzip. Punkt. Natürlich, es kann uns nicht egal sein, wie Produkte und Gewinne zustande kommen. Aber wenn ein Manager erfolgreich ist und sich dabei innerhalb des gesetzlichen Rahmens bewegt, besteht kein Grund zur Gesinnungsnötigung. Ein Unternehmen ist dann sozial, wenn es gute Produkte und Dienstleistungen anbietet – zu Marktpreisen. Es hat nicht einmal die Aufgabe, Arbeitsplätze zur Verfügung zu stellen. Oder sind Arbeitsplätze in Deutschland sozialer als in Tschechien? Es kann auch nicht seine primäre Aufgabe sein, Steuern zu zahlen – die werden ohnehin auf den Konsumenten abgewälzt.

Wo bleiben die Manager, die nicht den Kotau vor dem Zeitgeist machen? Die Unfug öffentlich Unfug nennen? Die den Eigensinn der Wirtschaft stolz verteidigen? Die sich nicht irre machen lassen von einer aggressiven Hypermoral? Die klar sagen: Wir können Adam Riese nicht aus dem Amt jagen? Wir brauchen Manager, die sich einmischen. Denn Nichthandeln heißt zustimmen.

Dr. Reinhard K. Sprenger, geboren 1953 in Essen,
studierte in Bochum und Berlin Geschichte, Philosophie,
Psychologie, Betriebswirtschaft und Sport.
Er gilt heute als profiliertester Management-
berater Deutschlands. Seine Bücher
wurden allesamt zu Bestsellern, sind
in viele Sprachen übersetzt und
haben die Wirklichkeit in den
Unternehmen in fast 30 Jahren
von Grund auf verändert.
Zuletzt ist von ihm bei DVA
erschienen »Radikal Digital«
(2018).

Zeitschrift OrganisationsEntwicklung

Strategie- und Praxiswissen für erfolgreiches Change Management

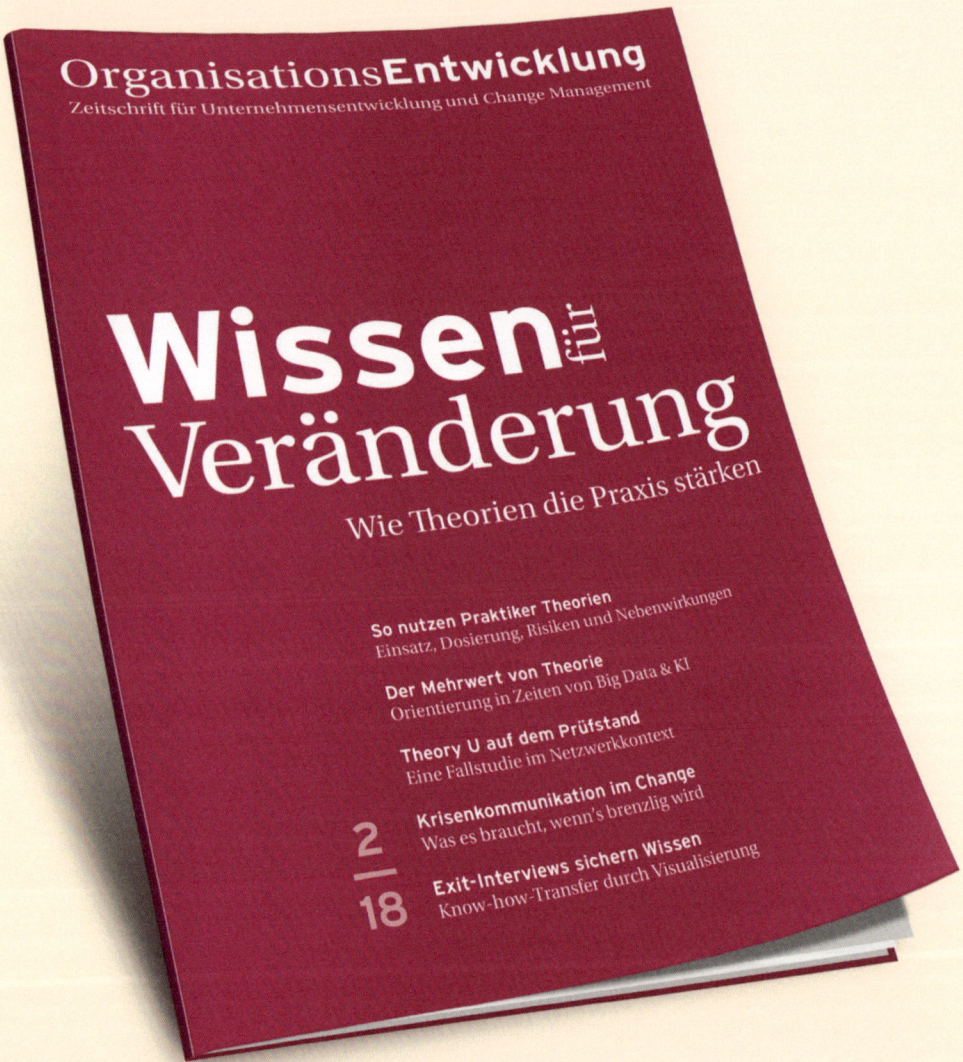

Mehr Informationen: www.zoe-online.org

Handelsblatt Fachmedien GmbH | Kundenservice | Toulouser Allee 27 | 40211 Düsseldorf
Fon 08 00 000 - 16 37 | Fax 08 00 000 - 29 59 | eMail: kundenservice@fachmedien.de

Handelsblatt
FACHMEDIEN

Vitamin c! für gesundes Change Management.

Wirkt sofort gegen Wandelbremsen und Widerstände!

Das Fachmagazin **changement** unterstützt Fach- und Führungskräfte bei der Planung und Umsetzung von Veränderungsprozessen: mit authentischen Best-Practices aus Unternehmen, persönlichen Erfahrungen von Change-Praktikern, nützlichen Tipps und erprobten Tools.

▶ **www.changement-magazin.de**

Handelsblatt Fachmedien GmbH | Kundenservice | Toulouser Allee 27 | 40211 Düsseldorf
Fon 0800 000-1637 | Fax 0800 000-2959 | kundenservice@fachmedien.de

Handelsblatt
FACHMEDIEN

FAKT NEWS

Nr. 1 Magazin vor Spiegel, Focus und Stern*

Für alle, die ihre Entscheidungen lieber auf Fakten als auf Fake News gründen: Die WirtschaftsWoche wurde zum vertrauenswürdigsten Magazin Deutschlands gekürt.* Danke für Ihr Vertrauen. Wir arbeiten jede Woche daran, es zu bestätigen.

Vertrauens-Index

In Kooperation mit
MENTE>FACTUM

*Laut GPRA-Vertrauensindex liegt die WiWo (76 %) vor Spiegel (75 %), Focus (64 %) und Stern (57 %). Der Vertrauensindex ist abrufbar unter **www.gpra.de** und gibt regelmäßig einen repräsentativen Status quo der Vertrauensentwicklung in der deutschen Bevölkerung. Die aktuelle Erhebung erfolgte im Zeitraum vom 17. bis 24. November 2016 und wurde von dem Meinungsforschungs- und Beratungszentrum Mente>Factum durchgeführt.

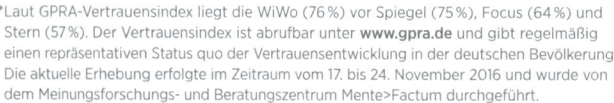

Wirtschafts Woche

So verstehen wir Wirtschaft.